實 用

知 識

寶鼎出版

行銷人
的
文案寫作

業務行銷、社群小編、網路寫手及上班族
必備的職場基本功

마케터의 글쓰기
초보 마케터를 위한 지금 바로 써먹는 글쓰기 필살기

資深行銷人
李善美 (이선미) 著
張召儀 譯

目次

Chapter 1　為什麼「寫作」對行銷企劃很重要？

1. 寫作，就是掌握內容的原型

2. 用寫作力打造品牌

Chapter 2　行銷的寫作重點在「貼心」

1.　行銷人員寫的文案具有目標受眾

2.　寫讀者想看的文章

Chapter 3　行銷企劃的寫作思維

1.　讓寫作變容易的構想方式

Chapter 4　給行銷人員的實戰用寫作法

1. 新聞稿寫作

2. 廣告與銷售的寫作

3. 部落格與社群媒體寫作

推薦序

下一篇會更好

Cindy ｜ FLiPER 生活藝文誌總編輯

記得有一次朋友問我：「有哪一篇文章，是你覺得寫過最好的嗎？」當下我傻住，思考一陣後回答：「沒有，應該永遠都是下一篇吧。」

國中時很自豪作文能力，總是豪不猶豫地在稿紙上揮灑，心想肯定會拿到高分。直到有一次，我看見老師狠狠打了 60 分，旁邊留下的四字評語，我至今都無法忘懷──「華而不實」。

這四個字老師提筆輕巧，卻重重敲擊在我心上。後續幾次和老師交手才逐漸明白，胡亂使用成語的下場，只稱得上賣弄二字。

　　後來大學時期，我擔任某課堂翻拍電影的作業編劇。當時劇本被教授退件好幾次，那時的我很不明白他不讓我過的原因。為什麼要如此「字字」斟酌？我很是氣惱。最後一次提交劇本，教授才語重心長地告訴我：「一部好的影片，劇本很重要。它是基礎，它是根。」

　　兩次的經驗，其實仍不足以讓我理解到寫作的真諦。直到現在，我仍覺得自己正在趨近「好的寫作」，尚還有好大好大一段路要前進。（甚至此篇推薦文，都是戰戰兢兢地打字。）

　　我非常驚喜這本書的內容，它不止收錄一般寫作的建構過程，更詳述解析生活中會運用寫作的各種情境。我只能說，在這個內容至上的世界，這本書來得真是時候。

　　假如思考是一場太空旅行，那麼寫作就可比喻成「返回地球的過程」吧。大腦裡千頭萬緒，寫作正是一個透過有脈絡、有章法、有目的的編排過程，讓我們和他人對話交流。

　　所以寫作是雙向的，而本書點出「想著對方」和「體貼閱讀者」絕對是至關重要的關鍵，更是下筆前必須先行把握的重點。

　　謝謝作者李善美、寶鼎出版在我仍對自己寫作能力感到懷疑時，「誕下」這本書。我會朝著「下一篇更好」的

目標邁進，也期許讀完這本書的各位，都能找到最適切自
己的寫作方法！

推薦序

行銷專業人員必備的參考書

李建勳｜大管仲策略顧問執行長

在職場顧問輔導企業和新創進行商業拓展中，總會思考能否有一本書能在我無法當下指導時，藉由閱讀可以幫助執行者，直到我看了《行銷人員的文案寫作》這本書後，深感書中內容對於行銷專業人士的實際操作提供了極大的幫助與啟發。這本書的結構嚴謹，涵蓋從基本概念到高階策略的全方位行銷寫作技巧，尤其對於如何透過文字打動目標受眾給出了詳細的實戰指導。

本書亮點

1. **創意與貼心**：書中強調行銷寫作的核心在於貼心。無論

是產品介紹、品牌故事還是廣告文案，都必須從用戶的立場出發，滿足他們的需求和期望。這種貼心不僅僅是用語上的，而是要在整個文案結構和內容設計上處處為用戶著想。

2. **數據支持的重要性**：書中多次提到，成功的行銷文案往往會用具體的數據來支持其論點，這不僅增加說服力，還能與受眾建立信任。數據的應用不僅體現在銷售數字上，還包括市場調查結果、用戶回饋和產業趨勢等各個方面。

3. **品牌故事的力量**：透過幾個知名品牌的案例，書中展現了品牌故事如何在市場中發揮作用。這些品牌都擁有明確的目標和一致的品牌訊息，而文案則是實現這些目標的重要手段。書中指出，品牌文案應該簡單明瞭，富有情感共鳴，讓受眾產生強烈的認同感。

4. **應用文與文學寫作的區別**：書中詳細解釋了應用文（如行銷文案）與文學作品的本質區別。應用文的目的是快速、有效地傳達訊息，並促使讀者採取行動，而不是追求文學上的美感或創意。因此，行銷文案應該簡潔有力，直指核心，並使用讀者易於理解的語言。

　　這本書不僅理論豐富，還提供大量的實戰技巧和範例，適合不同階段的行銷專業人士學習和應用。無論是新

手還是資深行銷人員，都能從中獲得啟發。特別是在數位行銷迅速發展碰上人工智慧大爆發需要內容的今天，能夠寫出一篇優秀的行銷文案，我相信對於品牌形象的塑造和提升市場占有率，都有著至關重要的影響。

　　總的來說，《行銷人員的文案寫作》這本書是一本想踏入行銷專業人員必備的參考書。它不僅能幫助我們提升寫作技巧，更能從根本上改變我們的行銷思維方式。尤以自身從行銷企業助理踏入行銷圈，更能深刻了解萬般操作皆不離善用文字來得重要。透過閱讀這本書，我深刻認識到行銷寫作的核心在於貼心和數據支持，這將有助於我在未來顧問企業和開課中實踐。

　　因此，我強烈推薦這本書給所有致力於提升行銷文案寫作能力的專業人士。相信透過學習和應用書中的知識和技巧，大家都能寫出更加優秀的行銷文案，為企業創造更大的價值和成功。

推薦序

現代人的文字救星

林郁棠｜文字力學院創辦人

「如今的時代，人人都需要寫作」身為文字力教練的我，很認同作者在前言開頭所提出的觀點。

曾有一個企業內訓邀約，企業人資告訴我，同仁們的文字表達能力低下，邏輯不清、詞不達意，讓上級主管感到很頭疼，因為每次都要溝通很多次，才能把一份報告完成，讓團隊工作效率大打折扣。

同時間，我有一位從事命理的學員，為了推廣自己的命理諮詢服務，在Facebook、Instagram、Threads上，透過文字經營自己的個人品牌。由於他很會寫文案，在社群上廣受歡迎，生意也跟著大好！

　　有的人因為缺乏文字表達能力，影響職場表現，有的人則因為具備文案寫作能力，在網路上贏得掌聲。不同的結果，取決於文字能力的差異。

　　雖然我們每天都使用文字，但對於寫作的害怕，卻是不分年齡的，所以很多人出社會之後，就不再寫作了。殊不知，這個時代，文字力在職場上是必備技能，寫作更是內容原型，一旦缺乏文字寫作能力，很快就會被淘汰。

　　別擔心！讓我告訴你一個好消息，救星來了！它就是你手上拿著的這本書。

　　不論是職場上對內的應用文，例如報告書、電子郵件等，或是對外的行銷文，像是新聞稿、部落格文章、社群內容、廣告文案等，這些文字寫作能力的養成，在《行銷人員的文案寫作》這本書裡統統都有教，簡直是一顆高單位的文字力綜合維他命。

　　而且本書除了傳授概念，還提供許多範例，讓我們在閱讀時，不會有那種讀了半天只有理論，而沒有範例的空虛感。

　　好比當作者告訴我們「提問能有效在短時間內吸引讀者。看到有趣的提問時，讀者會沉浸在主題裡；假如能從文中找到解答，還能獲得很高的滿足感。」的下標概念時，馬上就拋出了3個範例：

－ 為什麼我家不在凌晨配送的範圍？

－ 不染頭髮，也能讓髮色保持烏黑亮麗嗎？

－ 內容真的比平台重要嗎？

除此之外，讓我印象深刻的是，作者李善美提出的寫作基本結構「開頭，要30秒誘惑；中間，用事實說服；結尾，要促使行動」和我所提出的文字力基礎框架「注意→引誘→改變」有異曲同工之妙，證明有效寫作方式，是不分語言的。

我想這本書有價值的原因在於，作者是一位擁有15年以上經驗的行銷人員，她把過往的實務經驗都寫進這本書裡。現在，只要你擁有這本書，就等於獲得了文案高手15年的上乘功力了。

推薦序

你也可以寫出一篇好的文案

孫昱碩｜共好計畫研究室總監

　　文字內容可以說是計畫書裡的血跟肉，而想要建構這些血肉，仰賴的正是提案撰寫者的「寫作能力」。在我的顧問輔導經驗裡，我可以系統化的教你如何盤點資源、如何找到議題、如何蒐集資料、如何分析計畫架構及模式，偏偏在計畫撰寫的訓練過程中，唯獨寫作能力是最難培養的，往往在指導學員將花費心力掌握在手上的資料，「轉換」或「轉譯」成為文字內容的過程，都是最痛苦的。老實說，我一度認為，寫作靠的是天分，而區別了內容品質程度高低。

　　本書的問世，為行銷企劃人員及仰賴提案為業的寫手

　　帶來了救贖，我從來沒想過有高手能夠為企劃的寫作能力撰寫一本「教科書」，本書不應該只被當作工具來使用，任何想要從事行銷企業或計畫提案的寫手，都應該把它當作教科書來拜讀，作者李善美將十幾年來的功力濃縮在一本祕笈當中，隨手翻閱就能夠感受到強大的影響力，內容深入淺出，並且廣泛應用在現今行銷文案的適用領域及範圍作為案例，作者的強項更是在於文字及內容，用她擅長的寫作能力教你如何寫作，這簡直就是天作之合、近乎完美的行銷企劃寫作指導方針。

　　我最喜歡、也是最有共鳴的部分，在於本書的編排邏輯。我在規劃課程內容的流程，喜歡從知識的原理說起，接著理解這些知識的價值、最後再分析知識的技術及提升方法，加上具體的案例進一步解說這些知識如何應用，過去我們在學教學技巧時，這種方式就是教案編排的三大元素：認知、情意、技能。本書以同樣的邏輯及流程，系統性的引導讀者理解並強化寫作能力，就算你把自己放空，虛心的從第一頁開始翻閱，我相信讀到最後，不知不覺就把這些寫作能力內化在你的知識庫裡，滿腔的熱血會促使你躍躍欲試：相信自己也可以和作者一樣寫出一篇好的文案啊！！

　　誠摯推薦這本《行銷人的文案寫作》，更推崇作者李

善美豐富的寫作經驗及技巧，就算你沒時間從頭開始閱讀來打造基本功（但強烈建議還是要從頭閱讀才能真正學到精隨），第四章的實戰寫作用法至少可以在急需產出一篇行銷文案時按圖索驥，快速臨摹堪用的文案格式，這也正是作者令人佩服之處！！

推薦序

找不到方法寫出好文字？
這本書絕對是值得一看的行銷
寫作工具書！

黃品嘉｜李奧貝納業務群總監

　　在這個多平台溝通、資訊碎片化和追求快速了解的世界，任何溝通的文字訊息想要抓住人們眼球看下去，網頁只有4秒；就算是文章也只剩下30秒！本書作者這樣的數字統計非常真實，雖然身為廣告行銷工作者的我，精準且快速溝通已是我工作的日常，但當身為消費者在瀏覽各式網頁或文章時，我的閱讀行為的確也差不多是這個狀況，因此要如何在短時間內將訊息表達清楚並讓對方想要繼續了解，對於行銷人非常重要；而身處在這個需要大量溝通的世代裡，本書也絕對適合每一位想要好好表達、做好文字溝通的你。

　　榮幸先閱讀了這本書的所有文字，對於作者將15年的行銷工作寫作經驗，以有系統的方式轉化為各種撰寫的策略、方法和技巧，一路閱讀下來我不禁在心裡頻頻點頭認同，更對於作者在本書第四章提供給行銷人員的實戰寫作法，覺得實用到不行，雖然章節裡的某些重點，早已內化成為我在廣告行銷工作的DNA，但可以如此有系統且循序漸進的引導學習，我還是覺得收獲良多，因此我也學著在推薦序的標題上，試著寫出更吸引你想要看下去的文字，哈哈。

　　其實不只是行銷工作需要大量的文字溝通，無論在生活或是工作上，各種的溝通絕對也都與行銷有關，從促進決定的想法到要吃哪一家餐廳，其實全是行銷，所以如何用文字做好溝通和表達都非常重要，尤其是科技冷漠的現在。為什麼這麼說呢？網路和3C的發展讓我們每天都身處多屏環境，大部分的時間除了螢幕還是螢幕，各種的溝通都得透過文字訊息進行表達，以我來說，光是各式工作群組持續有在互動的，就至少有100個以上，就更別論每天看到的訊息量；而與家人和朋友的互動溝通，也很常用文字訊息直接迅速的表達，所以如何靠著文字明確表達出自己的意見想法並讓對方理解認同，其實並不簡單。另一方面，練習有效率的組織想要表達的文字，對於溝通更有

很大的幫助,那要如何練習呢?其實不外乎就是多看、多聽、多寫,透過閱讀文章、文字;聆聽日常的溝通表達;然後不斷的練習將腦袋中想要講述的內容,精確且簡短的轉化成容易了解的訊息,才能夠做好各種的溝通,達成各式的行銷目的。

　　我常常在工作中透過各種狀況與工作夥伴們分享說故事的重要性,其實講的就是如何透過文字的描述讓聽的人、看的人能夠經由你的「行銷」,理解到你要表達的內容進而做出你想要的決定,這本超級實用的工具書,一定可以為你的工作甚至於是人生在溝通上做好準備,而做好溝通的第一步就是要練習文字的表達,所以無論是行銷工作者或是需要做好溝通的你,用力把這本書看起來就對了。

推薦序

本書助你在行銷文案寫作的道路上走得更加順利

黃思齊｜我是文案主理人

　　從我投入寫作至今已經超過20年，但閱讀由行銷角度切入的文案寫作主題書籍，則是近5年才開始的事；以自身的經驗出發，我大多遵循80/20法則，分別閱讀文學作品與概念知識相關書籍，得到最佳的文案學習效果。正因為閱讀概念相關書籍的時間更精簡，所以就更該選擇簡單易懂、精準切題、貼近自身學習現況的內容。

　　而《行銷人的文案寫作》一書，是少見不以書名標題譁眾取寵，且內容既簡約又完整的作品，很推薦給任何想要了解行銷文案的消費者，以及入行一至三年的讀者。韓籍作者李善美分享自身在行銷產業15年的經驗，目的是為

了讓讀者迅速地掌握完整的行銷文案技能輪廓，以及新聞
稿、銷售文案、社群、標題等各類文案內容背後的目的。

　　本書作者強調，行銷寫作的核心是「對方」與「體
貼」，考慮讀者的需要，寫出貼心的廣告文案。我會特別
提出這件事情的原因，是因為有些尚未踏入行銷領域的寫
作者會認為，寫作就應該遵循自己的感受與本心，不能被
他人的需求而左右。我認為這樣的觀點既正確也不正確，
至於原因，可以用史蒂芬·金的名言來解釋：

　　「初稿是完全原始的，我覺得是種可以關起門來自
　　由創作的東西──它是赤裸的故事，只穿著襪子和
　　內褲站在那裡。」

　　從自由的初稿到完成一篇好的行銷文案，就是你一件
件穿上符合天氣與場合的服裝，開門走向世界的過程──
著裝完成的你，依然要繼續保有自己的風格與真實自我，
只是更符合當下的外在環境。本書特別吸引我的地方在
於，就是它能逐步引導寫作者接受「行銷文案要接近讀者」
這個前提，不是強硬的以商業考量或者理論來規範，而是
告訴讀者這樣做的貼心之處為何，讓人更樂意轉換思維，
從潛在消費者的角度去思考，進而提升瞄準受眾去撰寫文

案的技巧。

　　因此，呼應到本書我最喜愛的章節「有『甲方』的寫作」可謂順理成章。本章節中提到當讀者是具有批准權的審閱者時，該在下筆前進行哪些準備，在寫作當中具體又該注重哪些細節，這些商業寫作的技巧不僅適用於行銷人員，也適用於所有需要進行文書溝通的上班族。

　　總的來說，我會推薦《行銷人的文案寫作》這本書給所有想要快速上手的新進行銷人員，以及想從純創作跨足商業領域的寫作者們，在細讀本書後，必能從中獲得深刻的學習與啟發，在行銷文案寫作的道路上走得更加順利。

推薦序
好的文案是吸引目標受眾、促進銷售的重要武器

趙胤丞｜企管講師、顧問

　　家裡的腰果事業持續穩定發展，我在接班同時，也深入參與行銷文案創作，才發現行銷文案「一點都不簡單」！每篇行銷文案誕生的過程，像是一幅充滿色彩的畫作，透過我們巧手逐漸呈現在畫布上。每一個詞彙、每一句話語，都可以當作畫筆下的一抹色彩，將整體圖像逐漸勾勒出來，而這幅畫的成品正是行銷文案。

　　我深知文案的重要性，尤其是在這個資訊爆炸的時代，如何在茫茫人海中脫穎而出，讓消費者記住你，這是一個巨大的挑戰。多年的經驗告訴我，文案不僅僅是簡單的文字堆砌，而是需要透過精心設計、深思熟慮來傳遞品

牌價值和情感連結。

　　每次寫文案，我都會花時間去了解目標受眾，思考如何用最簡單有力的文字打動他們的心。好的文案能夠引起共鳴，讓讀者感覺你在和他們對話，而不是單純地推銷產品。這種情感上的連結，是建立品牌忠誠度的關鍵。

　　此外，我也非常注重文案的創意和新穎性。在這個資訊泛濫的時代，千篇一律的內容很難吸引注意力。只有不斷創新，才能在激烈的市場競爭中占據一席之地。因此，我經常閱讀各種行銷書籍，參加行銷培訓，學習最新的行銷技巧和趨勢，提升自己的寫作能力。

　　行銷文案並非由華麗的辭藻堆疊而來，行銷文案的本質在於「溝通」。它是一個品牌與消費者之間的橋梁，這座橋梁是否堅固、吸引人，直接影響到消費者的決策。在日常生活中，看到精彩案例會讓人拍案叫絕，看到反面教材也讓人心生警惕，我在想是否有人能舉一些範例，讓大家有所依循，《行銷人員的文案寫作》深入淺出將行銷人員需知的文案寫作做了梳理與統整。

　　在閱讀《行銷人員的文案寫作》過程中，我發現作者運用很多實際案例作出比較，並包含各種行銷文案寫作的技巧與範例，從標題撰寫到內容結構，再到如何引發讀者行動，每一個細節都處理得清晰易懂且井井有條。書中的

實例分析和具體範例，讓我能夠輕鬆地將理論應用到實際工作中；強調如何透過文案來建立品牌價值和情感聯繫，這正是現代行銷不可或缺的核心，足以讓我們的品牌在競爭激烈市場中脫穎而出。

　　《行銷人員的文案寫作》我覺得很適合人手一本，這本書不僅僅是一本指南，而是一個實用的工具箱，能夠提升每位行銷人員的文案寫作能力。作為一名行銷專業人士，我深知好的文案是吸引目標受眾、促進銷售的重要武器，這本書正是我們所需的法寶！我相信每一位行銷人員都應該擁有這本書，並將其作為日常工作的參考資料。希望大家能和我一樣，從中獲得豐富的知識和靈感，讓我們的行銷文案更加出色，助力我們的事業走向成功。誠摯推薦！

推薦序
行銷寫作就從換位思考，
體貼讀者開始做起

鄭緯筌│《經濟日報》數位行銷專欄作家
著有《ChatGPT 提問課，做個懂 AI 的高效工作者》
https://www.vistacheng.com

　　在現代行銷的世界裡，如果想要闖出一片天，除了專業技能之外，還得要有強大的寫作能力；話說回來，這也是每位行銷人的必備武器。李善美的《行銷人的文案寫作》正是這把利器，為每一位致力於數位行銷、社群營運、網路寫作以及職場奮鬥的專業人士提供了寶貴的指引。這本書不只是簡單的寫作教學，更是作者15年行銷經驗的精華，凝聚了她在職場上無數的智慧與實戰經驗。

　　我最喜歡作者強調的寫作核心理念，也就是以對方為

中心的寫作哲學。但凡能夠傾聽與體貼對方，在我看來，是這本書最為寶貴的地方，也是寫作與行銷的成功關鍵。在行銷寫作的範疇中，唯有站在對方的角度去思考，才能夠寫出足以打動讀者心靈的篇章，這不僅需要技巧，更需要一種深刻的同理心。正如李善美在書中所強調的，每一篇文章的背後都應該有一個清晰的目標受眾；唯有如此，你所寫下的文案才能夠真正地被讀者理解和接受。

近年來，我在許多企業、公部門和大學院校教寫作，很多人會以為妙筆生花很要緊，其實，卓越的寫作方法應該從理解讀者開始做起。話說回來，當我們的文字能夠引發讀者的共鳴，甚至影響他們的行為時，這樣的內容就不再僅僅是文字的堆砌，而是一種有生命力的交流工具。

早在1996年，美國微軟公司創辦人比爾·蓋茲就曾預言了一個以內容為中心的網路世界。在他的《內容至上》（*Content is King*）一書中，他提到：「人們將會把網路發展成『創意、經驗與商品』的交易市場，也就是『內容』的市場。」這項預言如今早已成真，無論是創意、經驗還是商品，只要能夠吸引消費者的注意並使其願意付費，就具有其獨特的價值。

李善美的這本書，正是基於這樣的理念而寫成的。她深知，在資訊爆炸的時代，只有真正有價值的內容才能脫

穎而出。這種價值不僅體現在資訊的豐富性上，也展現在內容的趣味性和情感共鳴上。

無論是提供資訊、饒富趣味還是引發感動，只要能夠滿足其中一項，便可以稱為優質內容。李善美在書中詳細闡述了行銷企劃的競爭力，實際上取決於能否策劃和創作出優質內容。她指出，平台固然重要，但真正能夠打動人心的，還是內容本身。即便平台不斷改朝換代，優質內容依然可以在不同的平台上發揮其作用。

她以具體的案例來說明這一點，好比《魷魚遊戲》和BTS的音樂，它們的發跡並不是單純拜某一個平台所賜，而是因為其本身具備了強大的吸引力和感染力。這些內容無論在哪個平台上，都能夠引發廣泛的共鳴和熱議。

在書中，李善美還深入探討了為什麼企業需要善於寫作的人才？儘管當今影音創作引領風騷，但寫作依然是內容創作的根基。無論是什麼形式的內容，最初的創意和構思通常都是以文字的形式出現的。換句話說，只有透過寫作，才能將這些不成熟的想法具體化，進而形成一個完整的內容雛型。

這樣的寫作，不僅需要動人的文采，更需要邏輯性的思考和對消費者的深刻理解。李善美強調，以行銷為主要目的的職場寫作，往往比其他類型的寫作更具有明確的

目標，也就是為了獲得消費者的意見回饋。這種回饋的展現，可能是購買行為、品牌認同或其他形式的互動。為了達到這一目標，行銷文案必須具備吸引力和說服力，能夠打動消費者的心。

特別是在這個多元發展的內容消費時代，行銷人需要具備將內容多樣化呈現的能力。無論是文字、圖片還是影音，只要能夠保持內容的核心價值，就能夠在跨媒介與平台上發光發熱。

我常常告訴很多學員，寫作是行銷人的核心競爭力。看完李善美的這本著作，我發現《行銷人的文案寫作》不僅僅是一本寫作指南，更是所有行銷人的必修課。她在這本書中現身說法，向我們展示如何透過寫作來提升行銷競爭力。她強調，寫作不僅是一種技術，更是一種有趣的思維方式，也是一種能夠站在對方角度思考的同理心。

在這個資訊爆炸的時代，能夠寫出讓人願意花時間閱讀的內容，是一項寶貴的技能。無論你是一位業務行銷、社群小編、網路寫手還是上班族，這本書都能夠為你提供實用的寫作技巧和豐富的案例分析。

我很樂意向你推薦這本好書，希望每一位行銷人都能透過這本書，找到屬於自己的寫作靈感，提升自己的行銷競爭力，並在職場上大放異彩！

前言
讓工作「暢行無阻」的
策略式寫作

　　如今的時代，人人都需要寫作。近來，我們打電話的次數明顯減少，無論是日常對話或是業務聯繫，都更頻繁使用即時通訊軟體、簡訊或電子郵件。如果身為上班族，寫作的機會又更多。為了順利就業，我們需要撰寫履歷或自傳；進入職場後，簽呈、企劃提案、新聞稿、行銷宣傳文案等，幾乎所有事情都離不開寫作。對職場人而言，寫作就是工作的一部分，而寫作的效率，就是決定業績表現的關鍵。

　　或許正因如此，抱怨寫作成為壓力的人愈來愈多，在網路書店上搜尋「寫作」二字，更會出現將近3,200筆的資料。由此可見，不少人覺得寫作相當困難，而之所以會有這樣的想法，就在於我們未曾徹底學會寫作。此外，

寫作也不像 Excel 函數一樣，只要在 Google 上搜尋就能找到答案。我們都知道如何造句，但是卻不曉得「寫作的方法」。無論在學校或公司，都經常需要寫作，但從來沒有人教過我們應該怎麼寫。

職場人寫的應用文和文學性作品最大的不同，就是可以透過學習來尋求進步。應用文與其說是一種創作，更近似於組合、羅列各種資訊的方法，有一套幾乎適用於新聞稿、電子郵件、報告或商品詳細頁面介紹的基本原則。只要能學會並熟悉這些原則，任何人都能寫出不錯的文案。在這本書裡，收錄我在職場中領悟並習得的各種寫作原則，而這些原則的目的都只有一個：讓對方輕鬆、快速地理解我想達成的目標，並藉此說服對方，也就是「讓工作順利進行」的策略性寫作。

所有的職場人，尤其是行銷企劃，下筆的核心大多集中在「說服」。我們工作時所寫的文章，幾乎都是為了快速且準確地向對方表明自身意圖，並藉此完成目標。若不能明確向共事者傳達己意，那麼無論腦海裡有多出色的想法，都不具有實質上的意義。而且，如果連一起工作的人都不能正確理解我的意圖，自然更難轉達給消費者。

若要用兩個詞來概括本書所強調的寫作核心，那就是「對方」與「體貼」。在工作時寫的每篇文章，都一定要有

「對方」的存在，換句話說，就是要寫出站在對方立場上可以理解的文句。假如花心思讓自己的文章裡有對方的存在，那麼很多事都會變得不一樣，不僅寫出來的東西會更容易被吸收，也會更具有閱讀的價值。我們應該思考如何下筆，才能讓對方同意我的意見，然後進一步達到寫作的目的。

本書的第一章～第三章，歸納出在寫作時換位思考的基本原則，幾乎適用於所有的應用文。如果能掌握並熟練這些基本技巧，日常寫作的品質就會大幅提升。而第四章，則是根據工作時的各種情況，整理出對寫作領域具有實際幫助的方法。例如在寫新聞稿、簽呈、SNS廣告文案，或是為部落格文章下標時，可以按照個人需求放在身邊翻看，有助於找到下筆時的靈感。

我剛出社會時，曾經在某個團體舉辦的「新聞稿寫作」活動中學到下筆的原則，得益於此，我才能在日後輕鬆應對各種不同的工作情境。寫作對職場人來說是強而有力的武器，需要長時間的自我激發、改進，才得以運用自如。不過，只要我們先熟知基本原則，就可以多方應用，然後快速獲得進步的技巧。

希望這本書，能像15年前教會我寫作基本功的那場講座。因此，我努力整理出寫作時應該遵守的原則，以及各

種必須留意的事項，儘可能把應用文的技巧收錄進去，讓各位讀者在面對第一次撰寫的文體時，也能夠表現得不慌不忙。此外，我還加入在實踐中領悟到的各種小技巧，願此刻還在與閃爍的游標和空白頁奮鬥的行銷新手和上班族們，都能因這本書而獲益。

2022 年 8 月

李善美

第一章

為什麼「寫作」
對行銷企劃很重要？

마케터에게
글쓰기가
중요한 이유

1

寫作，就是掌握內容的原型

콘텐츠의 원형, 글쓰기를 잡아라

影音潮流時代，寫作再次崛起

　　如今是以影音為主的時代，從傳統電視媒體、YouTube、網飛（Netflix）和韓國的Watcha等OTT（Over The Top），到由抖音掀起的短影音（Short Form）熱潮等，影片的傳播愈來愈廣泛。比起單純的文字媒介，人們也更傾向透過影片來接收資訊，且這種現象有逐漸加速的趨勢。據調查結果指出，十幾歲的青少年有69.7%、二十幾歲的青少年有64.3%[1]，在檢索時會選擇使用YouTube，超越韓國入口網站的龍頭NAVER。

　　然而，在這樣影音充斥的時代，寫作居然出現復甦的情形。線上授課平台「Class 101」的寫作課程，在2020年至2022年間，從7個增加到36個；補教業Eduwill的寫作講座，2022年的學生數也較2021年增加141%。此外，知名作家們亦紛紛投入寫作教育的行列：金英夏在Fast Campus舉辦講座，張康明則出版了一本與寫作相關的書《책 한번 써봅시다》（暫譯：試著寫一本書吧），同時在YouTube平台上授課[2]。

　　對寫作教學的需求增加，原因來自於企業開始招募擅長寫作的人。網路公司Kakao的前代表南宮燻曾表示：「文字是（構成元宇宙）數位語素的源頭，富有華麗圖像的

電影大多源自於小說，以文本作為基礎。」也就是說，影音的根源就是文字，**電影、電視劇或遊戲都是從寫作發端**。

強調內容創作的世界

最近經常會聽到大家談論「內容」的重要性，很多人一聽到「內容」兩個字，就會聯想到影音，特別是 YouTube 平台上的創作。於是，「內容創作者」這樣的職業也隨之而生，指的是企劃、拍攝、製作 YouTube 影片的自媒體創作者。我們一提到內容就會想到影音，是因為「內容創作者」這個詞已被廣泛地使用，而將內容創作者的範圍局限在影片製作，就是將「內容」的涵義縮小到「影音」的代表性例子。

其實，「內容」這兩個字所涵蓋的範圍非常廣闊。在部落格上看到「自購 MacBook M1 Pro，使用半年後的心得」，難道不屬於內容嗎？播客上的「長年虧損的特斯拉，如何成為利潤第一的車款」，這種廣播難道不屬於內容嗎？將我昨天吃過的美味早午餐上傳至 IG，分享店面的位置與菜單，難道不算是一種內容嗎？

辭典對「內容」的定義，是「透過網路或電腦通訊等方式提供的各種訊息或資訊。為了在有線或無線通訊網中

使用，以數位方式製作、處理並流通的各種文字、符號、語音、聲音、圖像或影片」。換言之，「內容」不僅局限於「影音」，還泛指文本、語音檔、圖像或音樂等各種形式的資訊與產物。

1996 年，微軟創辦人比爾‧蓋茲就預言了一個以「內容」為中心的網路世界。在《Content is King》（暫譯：內容至上）一書中曾提到：「人們將會把網路發展成『創意、經驗與商品』的交易市場，也就是『內容』的市場。」比爾‧蓋茲預測人們未來將會付費觀看內容，而這樣的預測也成為了現實。

只要擁有消費者、讀者或觀眾樂意付費的價值，**無論是創意、經驗或商品，都屬於內容的一種。**而消費者所支付的報酬，也不僅止於訂閱費，在網路世界中，消費者用於觀看內容的時間與精力，也會被換算成價值。例如免費提供的內容通常含有廣告，消費者免費觀看內容，而內容提供者則透過廣告獲得收益。

從這裡，我們可以看出內容在網路世界裡應具備的條件：值得消費者花費金錢、時間或精力，也就是對消費者有幫助的東西。對消費者有益的內容大致可分為三種：

1. 提供資訊
2. 饒富趣味
3. 引發感動

　　只要滿足上述任一條件，就可以視為具備基本的商品性，這是人們決定是否花時間與精力去觀看的最低門檻。

　　此外，比爾・蓋茲還預言了優質內容的影響力，亦即內容的擴張性，這就是為什麼網路世界強調內容至上。「網路可以用低廉的費用複製內容，更允許發行商用零元的邊際成本向全世界散布。」也就是說，假如內容製作得好，具備資訊性、娛樂性，或者能令人感動，其擴張性與傳播力幾近於無限大。內容無限散播的威力，我們已透過韓國防彈少年團的音樂和原創影集《魷魚遊戲》得以見證。

行銷企劃的競爭力，取決於創意內容

　　英國分析師班尼迪克特・艾芬斯（Benedict Evans）在《Content isn't King》（暫譯：內容不一定至上）一書中，曾主張「內容為尊」的前提已不符合事實。因為訂閱經濟的發展，網飛、Apple Music、Spotify、亞馬遜等平台的力量逐漸擴大，甚至出現內容只被當作平台維護工具的情

形。也就是說，內容創作者與平台之間時刻處於拉扯的狀態，無法斷定是哪一方占了優勢。

　　儘管如此，站在行銷企劃的立場，仍然必須相信內容至上。回顧過往，平台的贏家不斷在變化：臉書（Facebook）的力量早已今非昔比，而為了牽制抖音的短片熱潮，YouTube和IG分別推出「Shorts」和「連續短片」。2021年11月，網飛的股價因為《魷魚遊戲》效應上漲至700美元，創下歷史最高點，但僅在四個月後（2022年3月）又跌至331美元。理由是付費用戶的增加趨緩，且市場內的競爭者開始猛烈追擊。

　　如果把平台比喻成碗，那麼內容就是碗裡裝的東西。即便沒有YouTube，BTS的音樂依舊能引發共鳴；就算沒有網飛，《魷魚遊戲》的趣味性也不會消失。平台對趨勢敏感，受市場環境變化的影響較大，高低起伏十分劇烈；但內容卻不一樣，製作精良的內容具有較長的生命週期，在任何平台上都可以生存。

　　透過《與神同行》、《梨泰院Class》、《殭屍校園》等作品，我們已見識到網路漫畫影視化後的吸金能力；「一生必讀的一百本書」最初發表在播客上，轉移到YouTube之後，成為擁有25萬訂閱者的頻道，超過播客五倍之多。此外，某位化名「思維筆記」的行銷，透過募資平台籌得

1,200%的贊助,將連載專欄《東京的細節》發行成紙本書後,亦獲得極高的迴響。後來,他也將個人創作的「思維筆記」,同時上傳到部落格、時事專欄、臉書、IG和X等平台。

從上述案例中,足以看出優質內容的共同特徵:能在各種平台上活用,也就是「一源多用」(One Source Multi Use)。以現場演講為主的金美敬講師[譯註1],因為新冠疫情的影響,將活動平台延伸至YouTube。她出版過20多本著作,也積極參與電視及廣播節目。乍看之下,似乎一個人跨足了多項領域,但實際上她只是將內容橫跨多個平台,以各種不同的型態表現出來。就像這樣,品質好的內容可以不分平台,轉化為多種形式,並具有一定的影響力。

這就是為什麼如今行銷企劃的競爭力,取決於能否企劃、製作出優質內容。平台可謂百家爭鳴,但至今沒有明顯的贏家。即使影音蔚為潮流,有些人比起動態影片,仍然喜歡閱讀靜態文字;有些人因為沒有時間細讀長文,所以選擇在交通移動時用有聲書替代;有些人比起文字,更偏好用圖像來接收訊息。換言之,就算改變型態、裝在不同的容器裡,內容也必須要能維持其核心價值。

譯註1:韓國最受歡迎的YouTuber講師,頻道「金美敬TV」訂閱人次高達152萬人,著作《這句話救了我》曾於台灣出版。

　　網飛的CEO里德‧海斯汀（Reed Hastings）曾表示：
「我們的競爭對手是客戶的睡眠時間。」消費者的時間是
有限的，扣掉工作和睡覺，可以用來關注內容的時間非常
少。如今的世界，消費者的選項多不勝數，能夠喚起大眾
的注意，讓他們在自己的作品上停留多一點時間，就是創
造收益的不二法門。能否占據消費者的時間，進而製作出
可以分享、衍生、無限傳播的內容，決定了一位行銷人員
的競爭力。

企業為什麼喜歡善於寫作的人才？

　　在以影音為主流的內容創作時代，企業之所以需要善
於寫作的人才，正是因為內容的根源就在於寫作。無論是
何種內容，都需要構思與規劃，事先擬定想從消費者身上
獲得什麼樣的反應，以及該用什麼樣的戰略來達成目標。
當腦海裡的想法首次進入世界時，通常會以文字的形式出
現。從創造、組織到想法具體化的過程，只有透過寫作才
能實現。亦即，**寫作是內容創作的原型**。

　　如果能透過寫作打造出內容的雛型，那麼接下來就
只剩技術層面的問題。內容可以被加工成任何形式，我們
只需要決定把它放在哪一種容器裡，以便展現出吸引力即

可。因此，內容原型的構成必須紮實，不能只是隨便寫寫，必須有目的性地創作，建構出足以受眾人青睞的原型。

受消費者歡迎的原型，通常是富有資訊、趣味，或者能引發感動等具有助益的內容，值得消費者花時間與精力去關注。製作精良的內容，無論最後的導向是購買、好感或分享，通常都能得到預期的反應。所謂的「預期反應」，就是有「對方」的存在。行銷企劃的構思裡總是有「對象」，亦即「消費者」的存在。

行銷寫作與其他寫作最大的不同就在於此：寫作時有預設對象，內容是針對消費者而寫。換言之，行銷寫作不是像寫日記一樣毫無章法，而是為了獲得消費者反饋，經過邏輯性的思考後才下筆。行銷企劃製作出的內容，應該要能打動消費者的心，藉此策略性地達成目標。這就是為什麼在影音、創意內容蔚為潮流的時代，行銷企劃必須懂得如何寫作，而且不是一般的作文，是「行銷式」的創作。

2

用寫作力打造品牌

브랜드를 만드는 글쓰기의 힘

形式本身也能成為創意內容

　　雖說「文本是內容的原型」,但在某些情況下,形式其實和文本中蘊含的內容一樣重要。即便是相同的內容,也會根據傳達形式的不同,引發讀者不同的反應,亦即形式本身也屬於內容。此外,文案可以塑造出品牌的形象,也就是所謂的「風格和語氣」(Tone & Manner),用一貫的語調和態度傳遞出品牌不變的信念。讓足以營造品牌認同感的風格和語氣保持穩定,就會被大眾評價為「品牌化成功」。

　　在網路世界裡,文字往往被視為無關緊要的元素。考量到用戶會快速地滾動頁面,一般都優先把心思放在吸睛的圖像、購買鍵的位置、頁面和頁面之間的無縫連結等。美國的客戶關係管理(CRM)企業Intercom,曾調查過全世界最受歡迎的25個應用程式首頁文字所占的比例,結果顯示,手機畫面裡最適當的文字量為36%。Intercom將36%稱為「神奇數字」,也就是用戶最容易接收資訊的文字比重。

　　由於行動裝置的尺寸有限,文字占畫面的36%,面積並不算小。此外,調查報告還指出,如果把手機應用程式裡的文字盡數移除,用戶就會產生「空虛」的感覺,最終

引發混亂和困惑。因此，文字應該要被視為重要的用戶體驗之一。

以韓國為例，網路上大多還沒有把文字的重要性列入考量，但也有些線上服務很早就察覺到文字影響甚鉅。這些品牌，通常在各自的領域引導著商業趨勢，或者特色獨具地占有一席之地。當人們聽到品牌的名字時，腦海中就會浮現明確的形象，是文字在品牌塑造上發揮重要作用的少數案例。

打造出「簡易金融」的 Toss UX Writing

最近為了更新 Toss 進入應用程式的商店，Toss 針對新功能做出如下的介紹：

> 「『My Data』新功能！銀行帳戶、信用卡、證券交易明細、Naver Pay 點數等，個人資產一目了然！」

其實，我在看到文案之前，完全不曉得「My Data」的設計概念。在看到 Toss 的新功能介紹後，才知道這是一項能集中管理所有金融交易和資產的服務。在此之前，我從來沒有看懂過關於「My Data」的說明，就像這樣：

> 「『My Data』提供個人訊息應用系統的新模式。作
> 為訊息主體的個人，擁有個人訊息的管理和使用權
> 限。」

「個人訊息」、「應用系統」、「模式」、「訊息主體」、
「使用權限」等抽象的詞彙接連不斷，文句可以看得懂，但
是卻不知道是什麼意思。

> 「用戶可以在『My Data』的服務裡，將分散在特定
> 金融公司的個人信用情報彙整，以便進行管理。」

這個解釋稍微清楚了一點，不過，對於「特定金融公
司」、「個人信用情報」的範圍和種類，並沒有提供進一步
的資訊。像我這樣的金融文盲，還是不曉得這項服務實際
是做什麼的。

Toss 的口號是「簡單又方便的金融」，主打「簡易匯
款」服務，讓用戶不需申請公認認證書^{譯註2}或取得對方的
銀行帳號，就可以直接進行匯款，在韓國發展迅速。為了
達成這項目標，Toss 耗時三年去整合市面上 17 家銀行的結

譯註2：為了保障線上金融交易的安全性所發行的電子證明。

帳基準。此外，Toss的努力不僅僅停留在技術領域，他們還培養了一個目前鮮為人知的UX Writing[3]專業團隊。這支團隊負責把一般人覺得艱澀的金融用語改得簡單易懂，藉此提升用戶體驗，除了解釋困難的術語之外，也刪除贅詞讓句子變得更簡潔。

〔A〕

→ 今天是信用卡款扣繳日，仍然要提前繳納信用卡款嗎？
在扣繳日預繳卡款時，系統可能重複扣繳，若發生上述情形，溢繳款將於次日退還至綁定之帳戶。

〔B〕

→ 信用卡款將於今日自動扣款。
系統有可能再扣款一次，重複扣繳的金額將於隔天退款至您的帳戶。[4]

　　點擊預繳信用卡款的選項時，應用程式通常會自動跳出警示。在範例A中，「於扣款日繳信用卡款」這樣的意思重複出現了兩次（今天是信用卡扣繳日、在扣繳日預

繳卡款），而在範例B中，則將相同的語意壓縮為「信用
卡款將於今日自動扣款」，減少語句的重複。此外，還用
「自動扣款」、「您的帳戶」、「退款」等簡單明確的詞彙，
取代「扣繳」、「綁定之帳戶」、「溢繳款」等，看起來更
直覺也更容易理解。

　　其次，Toss的寫作方式，也讓用戶對金融服務產生親
切感。每次償還貸款時，Toss都會發送通知，過去只是一
則冷冰冰的訊息：「請確認變更後的貸款額度」，後來則改
為包含鼓勵與祝賀的語句：「努力還款的你辛苦了」。

〔A〕

信用管理
○○○先生／女士，貸款額度已變更，請點擊確認餘額。

〔B〕

貸款終於繳清！
○○○先生／女士，努力還款的你辛苦了！請確認看看信用
分數是否有變動。

做出改變後，客服收到了用戶的回饋，表示「這樣的句子為我帶來力量，謝謝」。貸款數字減少的背後，是用戶每天省吃儉用，按著計算機勞神苦思，而Toss察覺到這一點，以此寫出了打動人心的文句。

Toss的寫作有四大原則（Writing Principle）：站在用戶的立場傳遞資訊（User-side Info）、刪減冗詞贅字（Weed Cutting）、白話易懂（Easy to Speak）、維持一貫性（Keep Consistensy）。雖然負責Toss撰寫文案的人有好幾名，但是在用戶的眼裡卻具有整體性。同一個服務系統，必須能提供前後一致的體驗，UX Writer們為了讓用戶感受到一貫性，不僅熟知寫作的四大原則，還會定期地審核檢視。「簡單又方便的金融」，Toss品牌化之所以成功，正是因為寫作時能細心考量到用戶的立場。

商品誘人的祕密，
Market Kurly 的產品說明頁

以下有兩組詳細的產品說明，介紹的都是紫菜包飯用的海苔，兩者中你會更想買哪一個呢？

〔A〕

紫菜包飯隨著海苔的厚度、口感等，味道也會有所不同。
○○海苔嚴格挑選品質上等的韓國產紫菜，經過兩次烘烤，
製成紫菜包飯用的有機海苔。厚度紮實的紫菜經過兩次高溫
烘烤，口感更顯酥脆，原有的清香讓紫菜包飯更加美味。將
香噴噴的米飯和各種食材放在海苔上，一層一層捲起來，做
出屬於自己的紫菜包飯吧！海苔以十片為單位包裝，不必擔
心用不完，提供您最滿意的味覺饗宴。

〔B〕

使用生長在純淨海域的海藻製成，嚴格挑選優質原料，口感
紮實具有彈性，不易碎裂的特性適合用於紫菜包飯。經過兩
次高溫烘烤，可享受到更加酥脆、清香的食感。

　　A是Market Kurly網站上的商品詳細說明，B則是在其
他銷售平台上的介紹。A的評論高達14,237則，同樣是紫
菜包飯用的海苔，比起B平台，Market Kurly更能激起食
慾。同樣的商品，為什麼在Market Kurly上看起來更美味
呢？

　　Market Kurly會親自製作商品的詳細介紹頁面，一般平台都是直接使用各企業提供的介紹，因此相同的商品，無論在哪一個銷售通路都能見到同樣的文案。不過，Market Kurly的產品說明頁，是由公司內部人員負責拍攝、構思並撰寫文案，將所有產品介紹重新打造成Kurly的風格。即使是同一款產品，在Kurly也能看到不一樣的說明。Kurly在這方面所投入的人力與資金，龐大到可能會造成公司的營收赤字。

　　從Market Kurly招聘編輯團隊的應徵條件來看，明確要求必須具備「與寫作相關的校內或校外活動經驗，文筆佳且不害怕寫作（須提出作品集）」，接著要選擇一項產品撰寫說明頁的文案，於書面審查的階段繳交。由此可見，「寫作」是Market Kurly最重視的能力，與其他平台著重於「熟練Excel、會操作Photoshop」等截然不同，在寫作方面投注極大的心力。

　　Market Kurly的產品說明頁，完全以消費者為出發點。例如經過HACCP認證的無農藥藍莓，一般平台都會用「在清淨的○○城鎮精心種植的有機藍莓，通過HACCP認證」等文句來形容。這些都是商家想傳達給消費者的訊息，亦即「在乾淨的土地上經過辛苦的栽培，好不容易才獲得了認證，真的是付出很多心力的藍莓」。反之，

Market Kurly 是站在消費者的立場上寫文案。

> **甜美多汁的有機藍莓**
>
> 在光線的照射下，藍莓閃耀著晶亮的深藍色澤，獨特的酸甜滋味與細緻口感，無一不令人著迷。富含花青素、維生素 E 和紫檀芪的韓國產藍莓，放進嘴裡咬一口，湧出的是新鮮水果特有的濃郁清香。Kurly 嚴選果粒碩大結實的特等、上等藍莓，以活水洗淨後，盡情享受酸甜可口的滋味吧！

　　光是閱讀文字說明，唾腺就彷彿受到了刺激，忍不住垂涎三尺。Kurly 生動地描寫出消費者收到包裹後打開時看到的藍莓模樣，以及把果粒放入嘴裡時體驗到的感覺。和其他通路比起來，Kurly 賦予消費者更多能吃到新鮮、酸甜藍莓的期待。此外，Kurly 在商品說明頁上只保留必要的內容，大幅縮短文案長度，並且將焦點集中於消費者體驗，以此做為商品介紹的重點。

　　第一次購買酪梨的人，通常對「後熟」的概念較為陌生，不知道該如何催熟或食用，必須在網站或 SNS 上搜尋相關的知識。因此，Kurly 在商品說明頁上，特別置入後熟及處理酪梨的方法。

酪梨需要「後熟」

・酪梨是「後熟水果」，假如收到商品時，酪梨的外皮仍為青綠色，請在室溫下保存至變黑成熟。

・催熟時請用通風良好的袋子或報紙包裹，如果將酪梨放在塑膠袋或拉鍊袋等不通風的地方催熟，酪梨可能會腐爛。

・若很難透過果皮的顏色判斷其熟度，可嘗試用手按壓酪梨果肉，感覺變軟時即可食用。

輕鬆切酪梨

1. 將水果刀對準果核的正中央，縱向慢慢切入。
2. 用刀順著酪梨的表皮順時針劃一圈，把酪梨切開。
3. 雙手握著切開的酪梨輕輕扭轉，果肉就會分離成兩半。
4. 看到橢圓形的果核時，用刀卡入果核的表面，將其取出。
5. 外皮可以直接剝掉，或者用湯匙輕輕將果肉挖出來。

　　商品介紹裡詳細描述了消費者在收到酪梨後，從保存到料理等所有必經步驟，是非常實用的文案。假如在Kurly上購買酪梨，就不必再花時間去搜尋催熟和料理的方法。Market Kurly擁有快速送達新鮮食品的穩固形象，除了凌晨配送之外，品牌經營也立基於站在消費者立場，以購買和食用的角度撰寫商品介紹。

行銷人的文案寫作

與眾不同的「感覺」，29cm的廣告標語

文案寫到一半，實在沒有靈感時，我就會打開29cm的網站。有時順著網頁上的圖片隨意點擊、滑動，會忽然出現一些突兀的字句和詞彙，像是「去年也穿了這件吧」之類的句子。雖然這樣的語法在生活中經常使用，但幾乎很難在購物網站上看到。「原來還能這樣表達，可以從這種角度切入」，在網站上閒逛30分鐘後，偶爾腦海裡就會浮現新的點子。

曾擔任29cm文案總企劃的作家李有美（音譯），因創造出獨特的風格而聞名，她在職期間用心經營的氛圍，一路延續至今，奠定29cm的品牌形象。她曾表示自己的寫作祕訣，是將個人經驗融入廣告文案裡，引發消費者的共鳴。把其他企業忽略的小細節，或者不曾用文字表達出來的共同經驗，一一反映在行銷的字裡行間。

類似「去年也穿了這件吧」這樣的文案，就是很好的例子。每到換季打算添購衣服時，通常會思考「去年我穿了什麼」，而馬上浮現在腦海中的款式，就是自己經常穿的衣服。也就是說，該款式穿起來相當舒適，或者符合自己的喜好，所以才會頻繁被拿取。把相似的款式彙整在一起，寫道「去年也穿了這件吧」，比「剪裁合身、設計絕

056

美，百搭的服飾單品」等廣告文案，還要更能打動人心。雖然沒有用到浮誇的英語詞彙或流行的修飾語，但文案看起來就是很有感覺。

「針織毛衣，被擁抱的感覺」，這樣的廣告文句，能讓人想起針織毛衣的親膚觸感。在一般的行銷文案裡，通常會強調針織毛衣「保暖且舒適」，但29cm卻喚起消費者在穿著柔軟、厚實的針織毛衣時，身體被緊緊裹住的慵懶感覺。不是用文字來說明，而是直接讓人身歷其境。假如曾有過類似的穿搭經驗，就一定會被這樣的文案吸引。

29cm將自己的網站定位為「質感嚴選品牌」，不將所有人都列入目標客群，而是鎖定那些認為自己的品味與眾不同、感性十足的顧客。29cm上架的商品並非包山包海，而是只銷售經過嚴格挑選的風格單品。以高標準過濾出來的商品，加上語氣平淡簡練的文案，足以引起消費者共鳴，進而發現商品的價值，認同「我就是因為這個才刷卡」。

因此，有許多消費者即使多花一千韓元，也願意購買29cm的商品。因為篩選商品的人與自己喜好類似，如果購買對方以新觀點推薦的商品，自己好像也能夠變得更加特別。在熟悉的日常中發掘意義、價值與契機，將之重新包裝29cm的文案祕訣，就在於給人與眾不同的「感覺」。

　　至今為止提到的三個品牌，全都有一個共同點：品牌追求的目標明確，並且以文案在背後做為支持。而**三個品牌在寫作上也有共通點，就是完全從用戶的立場出發**。亦即，雖然品牌有明定的目標，但不會自顧自地傳達訊息，而是把重點放在顧客感興趣的內容。

　　這三個品牌，不會高喊「我們的APP很方便」、「我們的食材很新鮮」，或者「我們的商品很有質感」，而是將困難的金融用語簡化，讓用戶容易理解；不是列舉種植新鮮蔬果和凌晨配送花費的心力，而是描繪出消費者將食物放進嘴裡時的快樂；或者利用陌生的詞語，喚起消費者在日常生活中感受到的情緒，引起新鮮感和共鳴。

　　從用戶的角度去衡量品牌價值，掌握用戶的需求，思考應該如何傳達訊息，才能同時滿足公司與用戶的期待。這些，就是經營品牌的行銷必須牢記的重點。

第二章

行銷的寫作重點
在「貼心」

마케터의
글쓰기는
배려다

1

行銷人員寫的文案具有目標受眾

마케터의 글쓰기엔 상대가 있다

應用文與文學的差別

　　我們平常寫的文章大多是應用文，例如升學考試的論述、大學的課堂報告、論文、自傳、電子郵件、簽呈、企劃案、新聞稿、告示、產品詳情、部落格貼文、產品評論、心得、留言等。應用文寫作與詩歌、小說或散文等文學寫作，存在著本質上的差異。文學寫作一般是出於樂趣、靈感或自我滿足，而應用文寫作則是為了獲得讀者反饋，很多時候有固定的受眾，對方也有想聽的話。撰寫應用文的目的，在於得到對方的回應，像是就業、回信或結帳等，而為了達成目標，最重要的就是準確傳達出自己想說的話。

　　應用文與文學作品在寫作原則和結構上亦有所不同，應用文的目標是快速向讀者傳達核心，以求獲得預期的反應，美學的完成度和創意性並不重要。有時人們經常會忽略這一點，執著於更有創意的表現或架構。然而，應用文的目的是要讓讀者閱讀，假如沒有人願意看，文章也就沒有存在的價值。因此，應用文應當用讀者能夠理解的詞彙，簡潔扼要地表達重點。另外，通常在商業關係裡，讀者沒有太多的時間，所以寫作時必須符合應用文的原則與架構，盡快進入正題，而不是一直拐彎抹角。

　　拋下對創意性的執著，按照應用文的原則來寫作吧。應用文重要的不是華麗的詞藻或技巧，而是能夠明確、簡潔地傳達出想說的話。只要放棄對優美詞彙和起承轉合的堅持，寫作就會變得簡單許多。讓讀者能夠正確掌握寫作者的意圖，然後迅速做出回應，才是寫應用文時最需要著重的部分。因此，寫作時必須完全站在讀者的立場思考，考慮到讀者閱讀時的情境。**切記，在我們寫的每一篇應用文裡，都必須要有對方的存在。**

身為行銷，別忘了自己的寫作目的

　　想像一下某個人向異性表白時的模樣吧，他們說「我喜歡你」的目的是什麼呢？只是單純想表達自己「喜歡」的情感嗎？當然不是，戀愛專家們通常會建議在燈光美、氣氛佳的時候告白。為什麼？因為「我喜歡你」這句話的最終目的，是希望聽到對方回答「我也喜歡你」，也就是為了結束曖昧期，進一步發展成戀人。如果時機尚未成熟就急於表達心意，通常都會以失敗作結，因為我們忘記了告白的初衷，是期待對方給予相同的回應。

　　在寫作上也是如此。就像陷入愛情而忽略了目的一樣，我們在寫作時，經常被文字本身所淹沒，以致於忘記

最初的目的。寫作的目的性非常重要,必須意識到自己寫作是為了達到什麼目的。唯有如此,才能在寫文章的過程中分辨出該集中於哪裡、注意些什麼。

　　實用寫作的目的包含兩個階段,首先是「讓讀者願意讀下去」,這個主要目標經常被忽略。在網路和手機盛行的環境下,人們決定要不要閱讀文章的時間只有3秒左右。隨著頁面滑動,缺乏魅力的標題一下子就會被捨棄;點擊進入文章後,如果覺得不是自己想看的內容,也會馬上按下「關閉」鍵。

　　出乎意料的是,很多人在寫作時,都以為自己的文章「理所當然」會被讀進去。「我生長在一個嚴父慈母的家庭,在三兄妹中排行老大……」以此為開頭的自傳,無論後面有多精彩的反轉,都讓人讀不下去,人資沒有那麼多的時間和耐性。人們對他人的事通常興致缺缺,倘若無法迅速提供閱讀的理由,就會很容易被略過。

　　假如在第一階段成功留住了讀者,那麼**第二個階段,就是誘發對方的反應**,如購買、批准或回信等。無論文采多麼秀麗,只要得不到預期的反應,一切就失去意義。若想獲得對方的回應,傳達訊息時必須簡潔扼要,以便讀者能夠快速地掌握。

　　假設某款減肥藥上市在即,行銷與各部門正在開銷售

會議。行銷部門提出廣告文案:「不會復胖的減肥藥,一個月減重5公斤!」研發部門則表示:「這款藥含有大量的乳酸菌,有助於改善便祕,而且鐵含量高,還可以預防貧血。啊,因為含有膠原蛋白,服用後皮膚也會變好。假如消費者知道有這麼多優點,應該會更喜歡吧?」老闆在聽完兩個部門的意見後,說道:「是啊,為了研發這款藥不曉得投資了多少,能寫的就全部寫出來吧,根據研發部門的意見再修改一下比較好。」最後,廣告文案就變成「能同時改善便祕、預防貧血、修護肌膚的減肥藥」。類似的情況,幾乎在每間公司裡都很常見。

這款減肥藥想傳達的訊息是什麼呢?是減肥、改善便祕,還是服用後皮膚會變好呢?瀏覽過去時難以掌握到重點,人們就不會覺得自己需要這款藥,很容易予以忽略。

我們要介紹的產品,通常會具有多重優點,以至於我們總是想把所有優點都列進去。但是,讀者其實對那麼長的文字不感興趣,因為人的注意力是有限的。記住,泡菜冰箱裡明明什麼都可以放,但它之所以成功,原因就在於宣傳時把重點集中在「泡菜發酵」。在一段文字裡,只能傳達一項訊息。

我們可能會認為,在文字中放入愈多訊息,對讀者就愈好;但實際上恰好相反,**一段文章只承載一個訊息,**

才是真正對讀者的體貼。讀者非常忙碌，沒有時間閱讀冗長的文字，而為了做出判斷，他們需要一個強而有力的理由。想說服讀者其實相當困難，因此，寫作時必須簡潔扼要地直指核心，唯有如此，才能引起讀者的關注，消除不必要的混亂，並引導對方快速做出決定。把焦點放在讀者一定要知道的優點上吧，在濃縮文案時，核心訊息必須能用一句話來概括。

具體想像讀者是誰

最近，我在社群媒體上看到廣告後，下單購買了「頸紋霜」。我被使用前與使用後的對照圖吸引，以及「假如脖子上有皺紋，穿起衣服就不好看」這句文案打動。後來，我發現該品牌以類似的成分，同時製作了「頸紋霜」、「眼部除皺霜」和「美胸霜」上架銷售。假如這款乳霜以「眼部除皺」來做宣傳，我會想把它擦在脖子上嗎？不會。那麼我會興起購買的欲望嗎？也不會。正當我在為脖子上的皺紋擔心時，恰好看到該則廣告，於是就像著迷般點擊了購買鍵。或許SNS的廣告演算法，透過日常SNS使用行為分析，將我歸類在「對時尚感興趣的消費者」族群。對「為頸紋所苦，對時尚感興趣」的我來說，「假如

脖子上有皺紋，穿起衣服就不好看」這樣的文案，正中我的下懷。

　　前文曾提到，實用寫作的首要目標，是讓讀者願意讀下去，其次則是引起回應。那麼，為了達成目標，我們必須知道讀者對什麼事物感興趣。公司內負責審批簽呈的經理，希望看到的是預算和週期；總經理好奇的是損益平衡點；社長關心的是品牌效應。每個人感興趣和重視的價值不同，對方想獲得哪些資訊？對什麼事物感到煩惱？具備什麼樣的價值觀？如果想找出這些問題的答案，就必須盡可能去推想讀者的具體樣貌。目標務必明確，否則文案就會失焦。

　　或許有些人會認為限縮讀者，讓目標範圍縮小非常不利。假如寫作時面對的是一般大眾，的確有可能感到不安，因為好像只有少數人會對我寫的東西感興趣。但出乎意料的是，實際情況並非如此。人的生活樣態相似，心理也沒有太大的差異，這種情況稱為「巴納姆效應」（Barnum effect），也就是看到對性格或特徵的普遍性描寫，傾向於對號入座。讓我們明確地定出目標吧，讀者會被那些準確指出自己關心事的文案打動，覺得內心就像被看穿了一樣。鎖定目標的文案，可以確保穩固的客群；反之，**把目標放大到所有人，其實就是在寫沒人需要的東西。**

　　熟知讀者，站在對方立場上寫的文案，才是出色的文案。雖然這是最基礎的概念，但我們在下筆時卻經常忽略。寫作時，我們總會在文字裡迷失，忘記了讀者的存在。暫時停下筆，以讀者的角度重新看一遍吧。想像一下讀者具體的樣貌，思考看看這篇文章對他們是否有說服力。應用文，只有在讀者閱讀時才具有價值。

讀者想聽的話是定好的

工作中經常會有這樣的情況。

「○○，和Ａ約定好要交的資料今天會收到嗎？」
「已經請他在今天之前寄給我了。」

　　提問者不是問「你是否向Ａ要了資料」，而是好奇「今天會不會收到東西」，「下午三點前會收到」才是正確的回答。「我已經請他在今天之前寄出」，這樣的答案與提問者想知道的資訊無關，只是給出了一個官腔的回答。
　　有句話說，「最好的文章，就是讀者想看的文章」。在寫作時，我們經常忘記給對方想要的答案，只顧著自說自話。實用寫作的目的，大多是為讀者提供解決問題的方

案，或者幫助他們做出決定。面試官碰到的問題，是「為公司尋找合適的人才」，而應徵者為了解決對方的難題，必須寫好一份自傳，告訴面試官「我是最適合貴公司的人才」，讓對方能夠放心地做出錄用的決定。假如在自傳中詳細描述個人的職涯和成長過程，與公司的人才需求完全無關的話，就只是單方面把自己想說的話說完而已。

我們寫的應用文或商業文，大多都存在對方想聽的固定答案。在必須提筆寫作時，我們經常會煩惱「要寫什麼」，然後為了尋找主題和內容，花費許多時間瀏覽各種資訊。然而，問題的答案其實就在對方身上，商業往來更是如此。當主管要求你寫一份報告時，內心通常都已有大概的想法，而我們的工作，就是找到符合主題的必要資訊，做好歸納與整理，讓主管的推測有明確的數據做為支持。因此，報告書最主要的目的，就是提供確切的證據，讓對方能夠自信地做出決策，不必到處尋找新的論點或想法。

若想做到這一點，首先必須正確掌握讀者的要求。如果是一般商業關係，可以在下筆之前，確認一下彼此溝通交流的對話。這也就是為什麼在寫報告書或企劃案之前，應該儘可能地向「甲方」提問，並充分聽取當中的來龍去脈。假如對方能夠給出明確的方向，自然再好不過，也是

眾人認定的「好老闆」、「好主管」特質。在商品上市前，之所以會舉辦「焦點客群訪談」（Focus Group Interview）傾聽消費者的聲音，也是基於相同的原因。

別煩惱「該寫什麼」，試著去掌握當下對方的問題為何，需要做出什麼決定，以及我應該提供哪些資訊來幫助他做決策。讓我們給出對方想聽的答案，唯有如此，對方才能迅速地做出決定。不要只顧著自說自話，浪費對方的時間，也不要增加對方決策時的困擾。比起尋找新的創意，煩惱如何寫出華麗的文章，先了解對方想聽的答案，會讓寫作變得更加容易。

讀者的反應就是寫作的目的

前文曾提到過，實用寫作的目的，是要讓對方做出決定，而該決定會伴隨著具體的行動，例如購買、錄用、回信等。因此，我們必須明確表達出自己的目的：打算進行銷售時，就呼籲對方「請購買使用看看」；發送電子郵件時，則註明「請在〇月〇日前回覆有關 B 的內容」。

人們在聽他人說話時，其實沒有想像中專心，而且傾向用自己的方式來解讀訊息。假如對話時沒有把目的挑明，情況會如何？明明是自己沒說清楚，最後卻反過來質

問對方：「難道要我一一講明，你才會懂嗎？」沒錯，就是要明確地點出來，而實用寫作也是同樣的道理。

如果是商業計畫書，必須寫明為了工作的進行，應該在何時把預算分配完成；如果介紹了某項產品，就應該鼓勵對方盡快購買。應用文寫作，不能單純只停留在羅列資訊，認為我提供了那麼多訊息，對方應該要能自己判斷；或是讓對方在讀完全文之後，仍存有「到底希望我做什麼」的疑惑。充滿餘韻的開放式結尾，只適合出現在文學作品裡，在實用寫作上，不能讓讀者到最後仍然一頭霧水。

讀者的反應是由寫作者來決定，也就是最初寫文章的目的。因此，寫作時應該瞄準預期的反應，並明確地給予提示，以便喚起相應的反饋。假如傳達了「我喜歡你」的訊息，就應該在後面多補一句「我們交往好嗎？」，唯有如此，才能聽到對方回答「好呀，我們交往吧！」達到預設的目標。

請考慮讀者的知識程度

記者們在接受訓練時，會被要求寫得讓「國中一年級」的學生也能理解。也就是說，記者寫出來的文章，必須讓所有具備基本常識與閱讀能力的人都能夠讀懂，因為

行銷的寫作重點在「貼心」

新聞報導面對的讀者是全國人民。所謂的實用寫作，應該要考慮到讀者的知識程度。我在《영 포티, X세대가 돌아온다》（暫譯：年輕四十，X世代的回歸）一書中，曾介紹過「時代品牌」的概念：

> 有一個概念叫做「時代品牌」（Zeitmarken），德國卡爾斯魯厄大學負責研究行銷、媒體與消費者文化的教授比・博嫩坎普（Björn Bohnenkamp）如此形容道：有些品牌，會成為區分某個時代與另一個時代的象徵，喚起在特定時期體驗過該品牌之人的同質性與歸屬感。這些時代品牌，往往是與日常生活密切相關的產品，如媒體（電視節目或電影）、玩具或生活商品（時尚）等。

為了讓大家理解這個因社會學而立的概念，我將作者舉的例子節錄如下：

> 「BB Call」讓同一時期使用過該產品的人擁有同質性，我們也可以將X世代稱為「BB世代」。「BB Call」是喚醒X世代集體回憶的象徵，並同時與其他世代做出了區別。沒有使用過BB Call的人，終

究難以參與「BB世代」的記憶。BB Call是一種媒介，能夠讓X世代想起過去，並且與年紀相仿之人產生同質性。透過這項產品，就算彼此互不熟識，許多X世代的人也會有緊緊聯繫在一起的感覺。

或許上一段的解釋多少有些艱澀，但從此處舉的具體事例來看，大概也能推測出「時代品牌」究竟意味著什麼。由於前文使用了一般人不太熟悉的概念和用語，所以我特地以符合書籍主題「X世代」的BB Call，進一步詳加說明。

寫應用文時，必須考慮讀者的知識程度，盡量寫得簡單易懂。假如我想談的內容，對讀者而言較為陌生，那麼寫作時就應該預設對方毫無基礎。對我來說習以為常的事，在讀者眼裡可能完全不同，所以我們不能理所當然地認為對方一定知曉。特別是在解釋專業用語、理論和概念時，最好附帶適當的說明和示例。投資大師華倫・巴菲特（Warren Buffett）為了強調「複利」的力量，經常舉以下這個例子來向投資者說明：

1540 年，法國國王法蘭索瓦一世以 2 萬美元買了達文西的〈蒙娜麗莎〉。假如他把同樣的錢，投資到每年提供 6% 複利的金融商品上，那麼到 1964 年，他的財產將高達 1 兆美元。

「知識程度」不代表「智商水準」，就算對方的智商比我高，在某個特定領域的知識亦可能有所差異。例如某位部長從會計部調到行銷部，身為下屬的我必須向他彙報工作進度及未來規劃。他的智商不一定比我低，但是對行銷領域的知識很可能是零。假如我在報告裡沒有附加說明，直接列出一連串 ROAS、CTR、SEO、CTA 等專業用語，他很可能會感到尷尬。若對方個性灑脫，或許會坦承自己對這些用語不熟，接著提出疑問；若處事小心謹慎，可能會熬夜去搜尋、理解這些詞彙的意思；若屬於權威型的主管，可能會覺得「我是不是受到輕視」，為此自尊心受創。無論是哪一種情形，讓讀者感到不悅或為難，就是不友善的寫作。

　　然而，在某些情況下，過分詳細的說明也會成為致命傷。一般實際執行業務的人，都會對自己細部的工作內容瞭若指掌，而層級愈往上的主管，對細節就愈不了解，他們掌握的是整體結構與方向等規劃。不過，埋頭在實務裡

的第一線工作者，經常認為上級對細節的掌握應該與自己相似。

　　例如公司訂購的零件，因廠商的特殊原因延遲了三天左右。假設這裡的「特殊原因」，是負責運送的司機因車禍腿部骨折，而代班的同事又剛好到釜山出差，於是難以按時將零件送達。類似「配送的司機骨折」、「替代人力前往釜山出差」等附加資訊，就沒有必要往上級傳達。就我的立場來看，是希望把關鍵細節描述得愈仔細愈好，但對上級而言，重要的是「因車禍及代班人力不足，導致零件延遲到貨」，以及由此造成的損失。在寫作時，如果是對方必須知道的事項，就應該詳細地說明；如果是對方沒必要知道的瑣碎資訊，就應該果斷地刪除。下筆時不能想到哪、寫到哪，而是要根據「對方想了解到什麼程度」來寫。

　　此外，有時遣詞用字和一般慣用的方式不同，也會成為問題。例如在我任職的公司，針對產品價格有兩種標示方式：「定價」是指印在包裝上的初始消費價格；「實際售價」指的是商品實際售出時的價格，也就是因降價、促銷等原因，消費者實際為該產品支付的金額。但是，如果在報告裡出現「銷售價格」這樣的新詞彙，會怎麼樣呢？讀者會搞不清楚這是指「定價」或「實際售價」，因為核心用語不正確，以致於他人抓不到既有的基準。如此一來，

這份報告書就沒有閱讀的價值。當業內有固定使用的術語，或彼此對某些詞語具有明確的共識，寫作時就必須遵守規範。

　　寫作時，要讓對方不必在網站上搜尋，也不用詢問任何人就能理解。亦即，光憑我寫的文字，讀者就可以掌握要義。為了炫耀自己的知識而長篇大論，並不是體貼對方的表現；局限於個人世界，寫出只有自己才能看懂的文章，也是一種失禮的行為。不僅讀的人不方便，還很可能達不到最初的目的。應用文在闡述時必須明確，讓讀者更容易察覺文章的意圖，這才是真正的體貼。

2

寫讀者想看的文章

독자가 읽고 싶은 글을 써라

把文章寫得易讀，讓讀者可以充分讀懂

無論在哪一方面，基礎都非常重要。若想把文章寫好，就要先回溯到寫作的基本原則。首先，文章必須讓讀者容易看懂。我們所寫的應用文，大多都有閱讀的對象；假如沒有人要看，文章就失去其價值。因此，不管內容有多好，只要讀者看不下去，一切就等於空談。讓文章具有可讀性的原則很簡單：

1. 寫得簡單易懂。
2. 簡短精要。
3. 不咬文嚼字，以白話文撰寫。
4. 正確地使用詞彙。

原則雖然很簡單，但遵守起來卻十分困難。身價高達數十億韓元的運動選手，也必須每天勤練基本功，假如連基本都做不好，就遑論為觀眾帶來精彩的比賽。寫作也是同樣的道理，如果寫不出可讀的文章，那麼一輩子都將與優秀的寫作力無緣。近來，不合格的應用文比比皆是，我們只要懂得掌握基本原則，就足以寫出不錯的文章。

「Vogue殘體文」在韓國曾一度成為話題，時尚策展人金

弘基在部落格上寫過一篇〈對 Vogue 殘體文的感想〉[註解3]，在社群媒體上廣為流傳，他所批評的文體形式如下：

在今年 Spring 的悠閒 weekend，chic、cute 的藍色系 onepiece，是嚮往 romantic 之人的必備單品。[5]

除了少數的詞彙或助詞，句中過分參雜英文。在該文章引起話題後，時尚界才開始減少濫用外來語的習慣。為什麼會產生這種奇怪的文體呢？

其一是想強調自己「很有格調」，以前韓國的新聞報導，除了助詞之外也全都使用漢字。在電腦和智慧型手機普及之前，寫作和閱讀被認為是智能方面的活動。亦即不是每個人都會讀會寫，而是存在於學識豐富的人之間，以艱澀的詞彙互相交流。由於寫作本身被視為一種特殊活動，所以比起簡單的文章，人們通常認為艱澀的文章更具有水準。這種寫作態度，至今仍存留在大眾的思維裡，所以只要提起筆，就希望讓自己看起來「有格調」。放著簡易的單字不用，刻意大量援用英語、專業術語、簡稱和漢字詞，尤其是專業人士和高學歷者，這種情形又更加普遍。

譯註3：類似台灣的「晶晶體」。

行銷的寫作重點在「貼心」

　　其次是對自己要寫的東西不甚了解，這個原因比前面提到的狀況還要棘手。因為第一項原因只要改掉習慣即可，但第二項原因則必須從觀念開始矯正。時尚業者之所以大量使用英語，是因為找不到相應的韓文詞彙做替換。在上述的例句中，「chic」很難找到意思相符的韓語，如果寫「帥氣」或「幹練」，意思也還算相通，但是卻無法百分百地傳達原意。我們現在穿的服飾，大部分都是從西方引進，針對服飾概念的表現，也是原封不動地承襲而來。因為沒有用韓語整理過這些概念，所以找不到合適的詞彙，只好援用外來語做為形容。

　　「簡單的文章」有兩種涵義：一種是「易讀」，另一種是「容易寫」。在寫作原則裡提到的「文章簡短精要」，指的是要讓讀者「容易讀懂」。如果追求寫起來容易，就只要想到哪、寫到哪即可，而「易讀」的文章，其實寫起來更困難。你正埋頭於某篇文案，可是卻不斷用到艱深的詞彙嗎？那麼，不要覺得自己是文筆好或知識豐富，應該重新思考是否正確理解自己想傳達的概念。假如無法先自行消化統整過，詮釋時就難以簡短精要。**把文章寫得簡單易懂，就是一種實力與技巧。**

　　韓國作家柳時敏曾自稱是「知識零售商」。假如英國經濟學家托馬斯‧馬爾薩斯（Thomas Malthus）、美國經濟

學家亨利‧喬治（Henry George）、英國歷史學家愛德華‧卡爾（Edward Carr）等學者，是創造新知識的批發商，那麼自己就是以便於理解的方式，將知識傳達出去的零售商。

柳時敏用淺顯直白的語言，重新詮釋著名學者提出的深奧知識。若論把艱澀的文章改得通俗易懂，大韓民國無人能出其右。他曾針對寫作表達出自己的看法：「文章淺顯易懂，不代表下筆時就比較容易，要寫得簡單反而更難。」將艱澀的內容以困難的文句原樣傳達，幾乎大部分人都可以做到；反之，在保持內容品質的前提下，改用簡易的文字闡述，才是真正的寫作高手。

把文章寫得簡單易懂，最主要的手法就是將抽象化為具體，而過程的順利與否，決定了文章是好讀或艱澀。寫作者必須懂得區分自己寫的東西是抽象或具體，並隨時評估要將內容具體化到何種程度，也就是必須符合讀者的知識程度。

事實不言而喻的說法並不正確，唯有歷史學家說話，事實才會說話。哪些事件擁有話語權，如何羅列與排序，都是由歷史學家來決定。

　　這段文字，是愛德華・卡爾針對歷史紀錄的闡述，文章中包含一連串抽象的形容，例如「事實不言而喻」等。針對這項概念，柳時敏作家重新做了詮釋，讓模糊的文字變得清晰，彷彿觸手可及。

　　當然，事實非常重要，不過正如前文所言，歷史學家不可能知道過去所有的事實，也不是所有事件都值得被記錄。歷史學家只掌握到部分事實，然後從中挑選有意義且重要的部分，將之編列成冊。[6]

　　如今這個時代，淺顯易懂的文字更加受歡迎，連我在寫作時，也會盡量避免使用大量的漢語或專業術語。讀者的時間有限，也有很多地方會分散他們的注意力，當艱澀的文章和淺顯的文章並列時，讀者一定會優先選擇簡單的那篇，因為沒有必要為了理解文意而耗費自己的時間和精力。假如我自己都偏好易讀的文章，那麼其他人自然也不例外。年薪破億的明星講師，說話通常簡單又直白；講解得愈好懂，就愈能吸引更多人。同理，文章寫得簡明扼要，讀者才會願意主動接近。

無論是句子或文章，盡量寫得短一點

　　想讓文章變得簡單，就必須縮減長度。縮減長度主要有兩個層面：構成文章的句子縮短，以及文章的總長度縮短。撰寫具有可讀性的文章時，最重要的就是句子簡短精要。試著練習縮短句子吧，在A4紙上，以十級字的大小為基準，讓自己寫的句子不超過一行。如果能夠努力遵守這一點，就會漸漸習慣短文寫作。把句子縮短有兩個優點：

1. 句子變得簡單。
2. 文字產生節奏。

　　短句指的是一個句子中只有一個主語和謂語，並且只陳述一項內容。

> 每當與外國人交談時，總是讓我感到驚訝的是，他們對我國的評價經常高於我們自己的評價。
>
> → 每當與外國人交談時，有件事總是讓我感到驚訝：他們對我國的評價，經常高於我們自己的評價。

　　將複句切成以「我」為主語的句子和以「外國人」為主語的句子，雖然文章的總長變長，但各個句子的涵義卻變得更為簡單。

　　複句指的是有兩個以上的主語和謂語，會使句子的結構變得複雜。主次關係糾纏在一起，語法錯誤的可能性也會提高。將文句縮短的話，文法上不容易出現謬誤，也能夠正確地傳達意思。

　　句子寫得短，文章就會產生節奏感。

> 他把頭髮剪得比我們之前見面時短了一些，還染成了淺棕色，所以光從背影看就比實際年齡要年輕。

　　寫作時，必須有意識地把句子縮短，如果想到哪、寫到哪，文章就會愈來愈冗長。在未養成習慣前，很難馬上就做到簡短精煉。因此，讓我們試著訓練自己，每寫完一個句子，就檢查看看能否切成多個短句。首先，是以文意為單位，為句子進行裁切。只要熟悉斷句的方式，就能從中找到訣竅，知道如何切割才會有節奏感。不是無條件地重複短句就好，而是要以短句、短句、長句、短句這樣

的方式，適當地交錯排列，形成節奏感。唯有文章具有節奏，讀者在閱讀時才不會疲倦，一路順暢地讀下去。

把句子寫短，也有助於日後的編輯和修改。因為每個句子都承載著一項訊息，成為文章的基本單位，所以在修改文章時，可以試著隨意移動每個短句。假如一開始就把文章寫得很長，那麼編輯時就很難裁剪或移動；若想修改某個句子，很可能整段都要重寫。用簡單的短句來組成文章，修改時自由度較高，也可以隨時把短句串連成長句，藉此在文章中添加更多節奏感。

除了句子之外，文章的長度也最好跟著縮短。近來人們偏好短文的形式，貴賓致詞或校長演講，也必須簡潔有力才會受到歡迎。隨著SNS愈來愈普遍，人們開始對長文失去耐性，花在閱讀上的時間也變得更短。文章冗長，經常是因相同的內容不斷重複，而之所以會有這種情形，關鍵就在於寫作時缺乏信心，也就是不確定讀者能否理解文意，必須一再地重複才能感到安心。假如寫的人感到焦慮，讀的人也會隨之不安，無法百分百地給予信任。文章簡短精要，讓讀者產生信心，才是真正體貼的寫作方式。比起循環反覆的長篇大論，言簡意賅的文章更能讓人信服。

將文章寫得白話

　　與他人喝咖啡聊天或喝酒談心時，偶爾會感到驚訝：「原來我是這樣想的嗎？我的口才本來就這麼好嗎？」有時，我們的思緒會在對話過程中獲得釐清。人類的語言早於文字，在寫作前會先學習說話。換言之，我們是先從說話開始，然後為了不讓對話的內容流於空談，才用文字將其組織起來。語言和寫作沒有區別，把文章寫得白話，便有助於讀者閱讀。

　　不過，這樣的說法有一個漏洞，因為語氣、表情和手勢等非語言元素，在傳達語意方面也具有重要的作用。寫作時我們可以盡量口語化，但必須補足無法透過文字傳達的情境。當我們下筆寫作時，通常很難把文章寫得白話，因為人們總是帶有強迫性思維，覺得自己應該使用一些華麗的詞藻，才會看起來學識豐富。兒童作家李五德老師在《우리 글 바로 쓰기》（暫譯：寫文章的正確態度）中曾表示：「按照自己平時的說話方式寫文章也無妨，即使有些生疏也無所謂。」勸戒大家擺脫這種強迫感。

　　一篇文章，不會因為使用了日常詞彙就失去其品質。美國著名小說家史蒂芬・金（Stephen King）在《史蒂芬・金談寫作》一書中，曾提到自己的寫作原則：「希望

你能在此刻鄭重地宣誓：不會用『內側足弓塌陷』來取代『扁平足』；也不會把『約翰停下手邊的工作去大便』，寫成『約翰停下手邊的工作，先去解決自己的生理需求』。」[7] 此處的意思，不是指一定要用粗俗直白的形容，而是強調文章應該挑選最生動、合適的詞彙。

用口語化的方式寫作吧，就像在和朋友喝茶聊天時一樣，如此一來，就會自然而然地習慣不使用艱澀的詞語。在和朋友對話時，你不會說「股價重挫」，而是較常使用「股價大跌」，寫作時不妨依循口語的表達方式。誇張的修飾語也應盡量減少，例如不必刻意強調「真是喜上加喜」，用「真是太好了」便足夠。此外，日常生活中我們不會把「之乎者也」掛在嘴上，寫作時同樣應該避免。

只要以口語化的方式下筆，邊寫邊修改即可，修掉過於粗俗的部分，然後填補文意上的不足。文章寫得自不自然，只要大聲讀出來就能分辨，朗讀時可以察覺許多眼睛看不到的細節，例如唸起來不順，或是詞語的排列突兀等。「根據劍橋大學的研究結果顯示」，這句話乍看之下很容易懂，但如果大聲唸出來，會發現從「劍橋」開始就不太順。自己的聲音能夠充當第三者，有助於客觀地審視詞句。因此，寫完文章後務必要出聲朗讀一遍，重新修正拗口的部分。

選用合適的詞彙

　　文字也是一種溝通的手段,若想順利進行交流,筆者和讀者必須使用相同的語言。此外,文字和語言不同,寫過就會留下紀錄,具有不變的特性。無論經過幾個階段的轉傳,文章都會保持最初的狀態。話說錯時可以當場修正,但文章如果寫得讓人百思不得其解,就難以達成溝通的目的。因此,寫作時務求讓對方能夠明確地掌握重點。

　　人與人之間進行交流,就應該使用彼此互通的語言,且儘可能採用標準語、選用合適的詞彙。亦即,寫作時必須用一般人都能理解的字詞,同時符合前後文的脈絡。很多時候,人們會在不清楚正確語意的情形下,貿然使用某些詞彙。例如在上週的業績檢討報告裡,寫下「因為氣溫突然上升,預測○○T恤是因此暢銷」,那麼句中使用的詞彙,就和原本的含意互相牴觸。過去的事情無法被「預測」,在這句話裡,「預測」的意思是「確切的原因不明,但應該是因為……」,合適的用詞為「猜測」或「猜想」。不過,「猜」字看起來不夠篤定,假如想表現得更有自信,可以替換為「判斷」。

　　日常生活中許多常用的詞彙,我們其實並不清楚正確的含意,只是有樣學樣地使用。寫作時,最好能準確掌握

詞意，假如是全文關鍵字，甚至可能影響到整篇內容。

假設在撰寫提升銷售額的計畫書時，用到「擴展」、「成長」這兩個詞。其中，「擴展」帶有橫向意味，如果是規劃「擴展策略」，瞄準的將是擴大水平範圍，如進軍新事業或開發新產品。反之，「成長」帶有縱向意味，如果是規劃「成長策略」，考慮的應該是打折促銷或新的行銷方式等。有時唯有正確定義詞彙，才能得出精準的方向。在寫到關鍵字時，即便是耳熟能詳的詞彙，也最好養成查字典的習慣。

最後，正確的拼寫用字是基本。以韓文為例，語法和空格十分繁瑣，還有很多例外的情況。或許正因如此，在網路或社群上的文章，幾乎無視正確的拼寫方法。錯別字就算不妨礙溝通，也會影響讀者對文章的信賴度。假如閱讀的人對錯別字很敏感，那麼無論內容是好是壞，可信度都會大幅降低。正確的拼寫用字非一朝而成，平時就要培養檢查錯別字的習慣。用輸入法的拼字檢查掃描過後，也要同時確認詞彙的例句，如此一來，將能更快掌握語意。假如不想因某個詞彙而損害整篇文章的價值，首先就要把基本功做好。

練功房 1
文章流暢的祕訣

詞彙
1 避開「的」和「……的東西」（代指事物、現象等）

　　嘗試刪減文句中的贅字（如「的」或「……的東西」）吧，一點小小的改變，就能讓句子變得更簡潔有力。

　　我們約好早上八點在校門前的停車場見面。
　→ 我們約好早上八點在校門前停車場見面。

　　只刪除一個「的」字，句子就瞬間變得簡練。

　　據說韓語原本不太使用「의」（的）這個字，直到日本殖民時期才開始廣為使用，應是受到日語「の」的影響。日語「の」和韓語的「의」比起來，含意更加多元，韓語中「은」、「는」、「이」、「가」主格助詞的位置，在日文裡也經常用「の」來表現。比照日語「の」的用法，韓語的「의」逐漸被濫用，導致不符合語法的情況大幅增加，「我的生活的故鄉」（나의 살던 고향은）就是典型的例子。正確的文法表現，應該是「我生活的故鄉」（내가 살던 고향은）。

國民期待政治圈的改變。

→ **國民期待政治圈改變。**

　　若將日本語法的「の」改成韓語的主格助詞，感覺會更加簡潔。

　　此外，有些人還會將「의」與其他助詞疊加使用（如「에서의」、「에로의」），這種語法也是日式的表現。「回歸平均值」、「禁止在公共場所吸菸」、「從遺忘開始的記憶喪失」等，都屬於這一類的誤用，在論文、法律著述、評論等文體中尤其常見。愈是認為自己學識豐富，就愈會出現這樣的寫法，充滿權威性的文風，會讓讀者感到不親切。假如面對的是一般大眾，最好盡量避免這種用詞。

　　「것」也一樣，在韓文語法裡，這個字通常沒有太大的意義，如果能夠刪減，應該儘可能刪去。

雖然有很多人在場，但那件事是我的份內工作。

→ **雖然有很多人在場，但那件事是我的份內工作。**

　（刪除「것」）

→ **雖然有很多人在場，但那件事是我的份內工作。**

　（刪除「것」、「의」）

上面的例句裡同時用了「것」和「의」。光是刪掉「것」，句子就變得更容易閱讀；如果把「의」也去掉，句子就更為簡潔。

讓那個藝人變得特別的是什麼？
→ **是什麼<u>原因</u>讓那個藝人變得特別？**
活用去年剩下的預算是理所當然的。
→ **活用剩餘預算的<u>政策</u>是理所當然的。**

以上兩個例句中的「것」，分別是「原因」和「政策」的代名詞。我們之所以使用「것」，很多時候是因為找不到合適的詞彙，於是以籠統的代名詞概括。大部分句子裡的「것」，其實都能用具體的詞來替代，如果一味地濫用「것」，容易使文章變得語焉不詳。「原因」和「政策」比「것」來得更為具體，寫作時要盡量指稱明確，必須站在讀者的立場思考，不能留給對方自行猜測。

2 選用精準的詞彙

近來像「것」一樣使用模糊的，還有「部分」這個詞。

過程還有尚未確認的<u>部分</u>，所以有些<u>部分</u>我很難詳細說明。

　　很多人會以這種方式說話或寫作，原因不外乎兩種：一，想不到正確的詞彙；二，刻意迴避某些情況。政界的發言人，或者企業發生問題時負責應對媒體的公關，就經常採用類似的表述，企圖模糊焦點以減少責任。如果寫作時採用這種方式，會讓讀者感覺作者有所隱瞞。

　　問題的過程尚未確認清楚，所以很難進一步說明。

　　只要把「部分」刪掉，即使語意相同，讀起來也會更加堅決，同時給予讀者信賴感。選擇一個符合前後文的精準詞彙，並不是件容易的事，因為受到漢字詞影響，有很多詞彙看起來相似，但含意卻不盡相同。

　　我寫的草案順利獲得老闆的簽核。
　　如果無法如期繳納本期的信用卡費，就會變成信用不良。

　　韓文的「批准」（결재）與「繳納」（결제）經常被混淆，我也是在SNS上看到他人提供的訣竅，才開始能清楚地區分。

行銷的寫作重點在「貼心」

我們避免使用會造成環境汙染的化學原料。

ESG 被認為是企業迎向未來的必備條件。

　　避免（摒棄）和迎向（指向）都是企業新聞稿或宣傳文案中常見的詞彙。

　　摒棄（지양）指的是為了達到更高的階段而不做某些事情；指向（지향）則是指朝向某種目的。在寫作完成前，最好查字典確認一下容易混淆的詞彙。

　　此外，還有一點更需要注意，某些詞彙雖然具有相似的含意，但根據選詞用字的不同，語感會產生差異。如果選錯字詞，就會傳達出不一樣的意思。「死亡」就是典型的例子，如「去世」或「辭世」通常帶有尊敬的意味；「死亡」表示中立的口吻；而「掛了」則含有輕蔑的語氣。

發言人表示這些指控毫無根據。

企業相關人士提到一項轉虧為盈的計畫。

他因為喝醉而胡言亂語。

現在還不適合誇口談成功。

　　「表示」、「提到」等屬於中立的表現，「胡言亂語」則帶有負面含意。「誇口」雖然本身不是貶義詞，但經常

被使用在負面語境。「會長在新年致詞中誇口談及充滿希望的未來」，如果出現這樣的描述，就會變得非常尷尬。

若想明確傳達己意，就必須使用合適的詞彙，切勿含糊其辭或刻意迴避，要能夠挑選意思正確、符合文脈的詞語。詞彙豐富並不能解決問題，而是要具備充足的語感，知道哪些詞彙適合用在哪些語境。這種語感，唯有透過大量的閱讀才能養成，用字遣詞的自然與流暢，無法像錯別字一樣以校正修訂的方式找出答案。「啊，這句話有點不順」，若想培養出語感，平時就要多讀名篇佳作，熟悉措辭的方法。

3 刪減冗詞贅字

Toss的UX Writing原則裡，有一項「刪減冗詞贅字」，也就是在句子中沒有任何作用的字詞。假如不會影響意思傳達，就應該果敢地刪掉。為了寫出簡潔的文案，這項原則必須牢記在心。

A. 能夠縮寫的字詞，就不刻意寫得冗長。例如「因為⋯⋯的緣故」、「不得不」等句型，放在文章中容易顯得累贅。雖然是習慣性的用法，但出現的次數一多，文章就顯得繁複且老氣。

江原道的這場森林大火，不得不說是人為所致。

→ **江原道的這場森林大火是人為所致。**

若想獲取折扣，請掃描下列QR CODE。

→ **請掃描QR CODE以獲取折扣。**

B. 勿過度使用修飾語。為了強調語意，許多人會濫用「非常」、「十分」、「極度」、「相當」等副詞。若修飾語過多，文章就會顯得雜亂。史蒂芬・金曾說過：「被無數副詞覆蓋的道路，就是通往地獄之途。」

在漫長的戰爭導致糧食價格非常不穩定的情況下，印度禁止小麥出口，導致價格極度暴漲。

→ **在長期戰爭導致糧食價格不穩定的情況下，印度禁止小麥出口，導致價格暴漲。**

　　上述例句使用了「漫長」、「非常」、「極度」等不必要的副詞修飾，「漫長的戰爭」可以縮短為「長期戰爭」，而「極度」後面已經接了「暴漲」，因此刪除也無妨。

C. 如果反覆使用相同的詞彙或句型，文章就會變得枯燥乏味。同一個詞連續出現，句子就會變得單調，所以最好

適當選用同義詞替換。此外，句型如果過於重複，文章也會缺乏可讀性，應儘可能以省略或替代的方式，避免上述情形發生。

（詞彙重複）我們店裡的鞋款很多，雖然顧客還不多，但前來詢問的人愈來愈多，所以我們對未來充滿期待。

→ **店內鞋款豐富，雖然顧客還很少，但詢問度卻愈來愈高，因此我們對未來充滿期待。**

（句型重複）為了提升銷量，這個月我們將為新顧客舉辦折扣活動。

→ **為了提升銷量，這個月我們將針對新顧客舉辦折扣活動。**

我經常去楊平露營，該區的地界豎立著一塊巨大的看板，上頭寫著「端正公平的、幸福的楊平」。每次看到那塊看板，都會想改成這樣會不會比較好：

端正公平的、幸福的楊平

→ **端正公平的幸福楊平**

→ **公正且幸福的楊平**

反覆出現的「的」可以省略，而「幸福的楊平」則濃縮為「幸福楊平」，這是寫標語時經常使用的方法。雖

然把句子縮減為「端正公平的幸福楊平」，但內心還是覺得哪裡不順，因為詞彙的意義有所重複。「端正」即包含了「公平、正直」之意，因此，將「端正公平」合為「公正」，句子就變得更加簡潔。

D. 我們在寫文章時，很多時候文意會重複，通常是做為強調之用。看單一句子時或許不明顯，但仔細拆解，就會發現有些地方可以濃縮。

若想提升成績，首先要以健康為優先。
→ **若想提升成績，首先要照顧好自己的健康。**
→ **若想提升成績，必須以健康為優先。**

「首先」和「優先」是同義詞，挑一個使用即可；「難以預料」和「意外」也具有相同的意思，只要擇一就好。

遭遇難以預料的意外事故。
→ **遭遇難以預料的事故。**
→ **遭遇意外的事故。**

此外，我們也經常使用「地鐵站站前」、「過半數以上」、「海岸邊」之類的重疊語，有些甚至還被認定為標準

語，難以逐一考究。不過，寫作時如果能避免，就盡量不要使用。

E. 有些人習慣大量使用逗號，這是個人的文風偏好，在文學作品中十分常見，例如「我，因你而心痛」。雖然這樣的句法沒有問題，但在應用文裡出現會給人一種做作和幼稚的感覺，建議盡量避免。

4　刪去連接詞

孩子說話時經常使用大量的連接詞，如「昨天叔叔來我們家，然後他給了我零用錢，後來我們要去買餅乾，但店裡的餅乾賣完了」，因為還不懂得如何把句子接續成長文，所以會用連接詞把句子全部串起來。隨著年齡漸長，人們會慢慢減少連接詞的使用；如果成年後還經常這樣串連句子，很容易受到他人嘲弄。

寫作也是如此。在連接句子時，我們會適當地使用連接詞，以免文意無法正確地傳達。如果想改變話鋒或予以強調，通常會在句子前方加上「但是」、「不過」等連接詞，為讀者指出方向。這種寫法能讓作者感到安心，但缺點是句子會一直拉長，顯得不夠精煉。

我們錯過了公車，所以未能準時抵達演出場地，但幸運地是還來得及進場。

→ **我們錯過了公車，未能準時抵達演出場地，幸運地是還來得及進場。**

　　即使去掉連接詞，文意也能完整地傳達，而且句子變得更簡潔有力。寫完文章後，試著刪看看連接詞，假如意思相通，不如就把連接詞省略。

句子

1　盡量把句子寫短

　　句子冗長沒有好處，以 A4 紙張為基準，一個句子最好不要超過一行。如果句子太長，主語和謂語就很難對應；構成句子的元素錯綜複雜，文意也會變得難以理解。

　　把句子寫短是基本，也就是一個句子裡只有一個主語和謂語，這樣文法就不會出現謬誤，讀起來簡潔有力。小說家金薰曾表示：「我想只用主詞和動詞來造句。」偏好簡短、俐落的寫作風格。「崔明吉開始磨墨。南浦石硯光滑平整，崔明吉的視線遊走於硯和墨之間。漆黑的墨汁彷彿是從眼睛裡流出來的，匯聚在硯池裡。崔明吉拿起毛筆，沾濕了筆頭。」[8]從金薰作家的文字裡，可以充分感受

到「主語＋謂語」的短句力量。

　　雖然無法和金薰作家的簡潔文風相比，但我們可以試著努力效仿。假如句子看起來會成為複句，那麼就以文意為單位進行切割，有意識地去「斬斷」。

信念可以幫助也可能誤導我們。
→ **信念可以幫助我們，也可能誤導我們。**
大多數人在哭完後心情會變好，因為情緒性的眼淚來自於壓力，可以去除體內累積的化學物質，讓心情好轉。
→ **大多數人在哭完後心情會好轉。情緒性的眼淚來自於壓力，流淚時可以清除體內累積的化學物質。**

　　主語和謂語之間如果修飾過多，就算是簡單的句子也會變得複雜，建議盡量減少副詞，縮小主語和謂語的間隔。假如很難刪減，不妨把主語和謂語的位置調近，讓讀者更容易掌握兩者間的對應關係。將主語移至謂語附近時，賓語就會凸顯出來。

對人類這樣的社會動物而言（主語），不穩定的愛與認可（賓語），會帶來恐懼、飢餓等直接性的痛苦。
→ **不穩定的愛與認可（賓語），會為人類這樣的社會動物（主語）帶來恐懼、飢餓等直接性的痛苦。**

2　盡量使用主動語態

在韓文語法中，通常以「人」當作主詞，寫作時也應該儘可能遵守此原則。但是，不知從何時開始，有愈來愈多句子是以「無生物」做為主詞，甚至根本找不到主詞在哪裡。以無生物為主體的句子稱為被動句，使用被動動詞做為謂語。

據說韓文以前其實很少使用被動句，如今之所以廣為使用，是受到英語和日語的影響。因為習慣了翻譯文體，所以人們也開始濫用被動的句法。在英文語法裡，可以自由使用主動語態或被動語態。但是，在英美圈中，人們並沒有更偏好主動語態。著有多本寫作相關書籍的作家威廉·金瑟（William Zinsser），曾在《非虛構寫作指南》中提出建議：「除非只有被動動詞這條路可以選，否則就盡量使用主動動詞。在清晰和生動方面，主動和被動的差異之大，就如同生與死一般。」[9]

以人為主語的句子具有力量。「我會持續往前推進」這句話，可以讓人感受到主語的意志，責任也落在主語身上。反之，「看來還得繼續推進」這句話，則相對顯得軟弱，因為沒有人要對行動負責。這類型的句法，無法有效將作者的意圖傳達給讀者。

看起來在室內仍須配戴口罩。

→ **我們在室內仍須配戴口罩。**

此處將做為市民的公共空間經營。

→ **市府計畫將此處做為市民的公共空間經營。**

把主語換成人，句子就自然會變成主動語態。

近來，「被看見」、「被處理」、「被寫」等雙重被動亦經常出現。「被動詞＋어（아）지다」的雙重被動型態，是韓語中不存在的概念。雙重被動主要使用「－지다」型態，假如無法避免使用被動句，也一定要避開這種雙重被動的句法。

為了走向未來，法律與秩序應該被好好建立起來。

→ **為了走向未來，必須好好地建立法律與秩序。**

→ **為了走向未來，我們將好好地建立法律與秩序。**

遊戲角色的個性，會因玩家的差異而看起來不同。

→ **每個玩家的遊戲角色個性都有所不同。**

→ **我認為遊戲角色的個性會因玩家而異。**

主語是句子的核心，唯有主語生動活潑，句子才會強而有力。在主語擁有意志的情況下，讀者也會更信任文中的內容。

具備閱讀的價值

1. 行銷企劃不是在寫日記

切記，在文章的另一端，一定會有讀者存在。每篇文章都有讀者，只有一種文體例外，那就是日記。寫日記時可以隨心所欲，不必在乎他人的眼光。不過，日記其實也有讀者，正是未來的自己。為什麼我們會大驚小怪，把過去留在網誌裡的紀錄稱為「黑歷史」呢？原因就在於現在的我，也會對自己過去寫的日記做出評價。就連只有本人會看的日記，我們也會在無意中把「未來的我」設為讀者。由此可見，世上沒有一種文體是「零讀者」。

特別是行銷企劃寫的文章或文案，一定有讀者的存在，可能是消費者、公司主管、客戶、記者、合作廠商等。換言之，行銷寫的文章，就是為了滿足這些對象。自從有文字以來，所有寫文章的人，都致力於寫出讀者能接受的文字。為了與他人溝通交流，作者把自己的想法以文字傳達出去。演繹法、歸納法、辯證法等寫作方式，就是眾人努力的結晶，意在有效地表達個人主張，並藉此說服讀者。

假如你希望自己寫的東西能被他人閱讀，那麼接近的方式就要有所不同。例如撰寫新聞稿時，若想在記者們的

收件匣裡脫穎而出，就必須構思一個誘人的標題，因為記者的信箱每天會收到上百封的信件。如果對象是眼力不佳的會長，那麼最好將報告書的字體設定到十二級以上，並且用A3大小的紙列印出來。行銷人員在寫作時，必須懂得為對方著想。亦即，文章是為了讀者而寫，不是為了滿足自己。

2. 行銷寫作等於商品

行銷寫的文案也是一種商品。商品的主要目的為銷售，若要讓讀者買單，就必須擁有一定的價值。換句話說，就讀者來看，該文章要值得花費時間與精力閱讀。文章賣不出去就不值錢，而具有價值的文章，應該滿足下列其中一項條件：

1. 提供資訊
2. 饒富趣味
3. 引發感動

我們不是在寫文學作品，所以第三點可以先略過。當然，應用文如果寫得好，足以引起共鳴，也能夠為讀者帶來感動，但這都是在熟悉寫作之後的事。首要之務，是必

須掌握第一點和第二點：提供資訊或饒富趣味，至少要滿足其中一項。假如兩者皆滿足，就算是寫得不錯，會提升讀者花時間與精力閱讀的意願。

提供資訊是應用文的基本，代表內容對讀者有幫助。提供資訊不代表必須創新，即使是大眾耳熟能詳的內容，只要在需求時抵達，就會成為有益的資料。例如對熱愛探訪美食的人而言，新開幕的店家資訊會有所助益。整理好的銷售分析報告、新款智慧型手機使用一週後的評論、購物中心的服飾穿搭後記等，只要對讀者有益就算是資訊。針對「提供資訊」這一點，沒有必要想得太嚴肅。

不過，在提供資訊時，必須站在讀者的立場上思考。假如在新的美食名店打卡，然後只留下食物的照片和「太好吃了」幾個字，這種寫法就不能算是提供資訊，因為內容和日記沒什麼不同。很多人在寫作時，會沉醉於當下的情緒，以至於犯下類似的錯誤。應用文必須能滿足讀者的好奇心，如果寫的是美食店資訊，就要包含店名、位置、價格、能否停車、營業時間等內容。此外，若能再補充「哪些餐點好吃、哪些餐點普通、哪些食物搭起來是絕配」等主觀訊息，對讀者而言就更加實用。

假如資訊是應用文的基本，那麼樂趣就是一種魅力；如果把資訊比喻為產品的基本功能，那麼樂趣就是所謂的

行銷人的文案寫作

包裝設計。產品具有魅力，價格就會隨之上漲。因此，即使是相同的資訊，只要能傳達得生動有趣，商品性就會提高。不僅讀者閱讀的可能性大增，還有機會分享給更多人。文章的趣味取決於形式，必須讓人感受到閱讀的樂趣。文章寫得再好，如果整體枯燥乏味，讀者也很難讀進去。而閱讀的樂趣，正來自於架構、內容和節奏。

3. 行銷寫作必須具有說服力

〈結構有趣〉

應用文的目的在於說服讀者，例如「請下單購買」、「請批准通過」、「請錄取我」等，也就是期望對方在讀完我的文章後，能夠點頭表示認同。一味地強調「行動吧」、「下手吧」，還不足以說服讀者。首先，要讓對方願意讀你的文章，而且一旦開始讀，就會一路讀到底。想達成這目標，文章就必須充滿趣味。當讀者愈讀愈起勁時，就會在適當的地方下定論，一路跟到文末的讀者，最後便很有可能被打動。

如果希望讀者一直看到最後，就不要在一開始就猛力推進，而是要逐漸提升強度。文章必須有起承轉合，一開始先吸引讀者的注意，當對方感興趣而投入時，再接著講述有趣的內容，讓讀者漸漸因你的文字而著迷，一

行銷的寫作重點在「貼心」

路讀到最後。能夠跟隨到文末的讀者,通常都已經被說服了一半,這時,不妨大筆一揮收尾,然後明確地提出要求「請～」。

我在購買頸紋霜時,一開始就是被「假如脖子上有皺紋,穿起衣服就不好看」這句話吸引,進入詳細頁面後,映入眼簾的是一連串使用心得與介紹:「有些人使用三週後,頸紋明顯變淡;有些人把頸紋霜塗抹在眼周,眼尾的細紋也逐漸消失。為什麼會有這樣的效果呢?因為我們使用特別的開發技術,與其他的面霜做出區隔,還獲得了專利。」我一路看到這裡,購買欲望已經快要被填滿。接下來,就是最關鍵的一擊:「因為商品熱銷,假如錯過這次的下單機會,就要再等一個月。現在購買的話可享八折優惠,趕緊囤貨吧!」我完全沒有不買的理由,所以毫不猶豫地按下購物車結帳,這就是說服的過程。

〈用事實支持內容〉

我在前面舉了頸紋霜的例子,這比強調「結構要有起承轉合」更容易接受,讀起來也比較有趣,得以讓人產生認同感。通往主旨的過程,需要用故事來填補,這樣讀者才會看得津津有味。在我們寫的應用文裡,支持主旨的大多是事實(Fact)。當我們想主張某些論點時,就要儘可

能地列出根據，若理由足夠充分，自然就能說服對方。不要一味地提出個人想法，應該用事實來進行說服。

寫作時要盡量蒐集事實，分量大約占整體的80%。亦即除了個人的主張外，其他內容都要用事實來填補。假如事實不夠充分，內容很容易流於空談，或者參雜過多不必要的修飾語。一直強調「這項產品真的很好」，讀者也只會陷入懷疑：「哪裡好？」、「有多好？」倘若缺乏事實支持，就難以回答這些問題。「在國內首次獲得專利」、「購買人次累積4萬人」、「使用心得超過1,200則」，只要有這些事實數據，根本不必再強調「產品很好」。事實一定要具體，如此才會充滿趣味，也才能說服讀者。

〈文章要有節奏感〉

如果想讓閱讀充滿樂趣，文章就必須具有節奏。無論結構寫得多好，內容多麼有趣，若文章顯得冗長，閱讀的趣味就會下降。盡量把句子切短，讓讀者可以快速且流暢地讀下去；講過的內容不要再重複，要不斷往前開展。為了不讓讀者中途感到厭倦而離開，節奏感必須貫穿全文。為此，寫作時最好選用簡潔有力的句子，結構上也要富有節奏，將彼此相關的內容連結在一起。

一就是一，怎麼會是二？

二就是二，怎麼會是三？

三就是三，不是四，

四就是四，不是五。

　　文章的構成應該如此，從一到二、二到三、三到四，最後才是結論五，要按照相關順序朝著結論奔馳。如果從一跳到五，突然又回到三，讀者就難以跟上文脈的發展，只會覺得摸不著頭緒。必須引導讀者順著脈絡閱讀，才能順暢無阻地讀到最後。

練功房 2

文章具有價值的祕訣

1. 找出 1% 的不同觀點

　　人們通常認為寫作等於「創作」，如果缺乏創造力，寫作就會困難重重。假如是詩或小說等文學作品，創造力或許會成為問題，但在應用文領域，「不必」講求創造力。

　　我們寫的文章，大都已決定好了內容，很少需要從「寫什麼」開始構思。例如寫自傳時，目的在證明自己為什麼適合該公司；寫新聞稿時，重點在說明新產品的優勢；寫事業計畫書時，主要在說明做這項工作的理由。我們要寫的內容和結論其實都已有方向，只要思考「如何」填補過程，以達到自己想要的結論即可。

　　「過程」應該用資料或事實來填滿，為了順利朝既定的結論前進，確實排列合適的資料，就是我們應該做的工作。由此來看，在應用文寫作上，最重要的就是蒐集資訊、適當分類與篩選資料的能力。我們沒有必要追求新穎、奇特的表現，偶爾在寫文章時，可能會靈光乍現，但那些經常都只是畫蛇添足，有時還會破壞文章的流向。

　　我們寫的文章是透過資料蒐集，再加以模仿或引用。現在我寫的內容，也參考過30本以上與寫作相關的書，在

行銷的寫作重點在「貼心」

正式下筆前，用了超過3個月的時間蒐集並整理資料。市面上已有3,000多本談論寫作的書，還有可能再出現新的方法論嗎？不可能。寫作的方法大同小異，把文章寫好的原則幾乎已經底定。

檢視已經公開的資訊，並篩選出足以支持個人想法、觀點一致的部分，然後用稍微不同的方式進行整理。例如有些人的主題是如何寫好部落格，有些人的方法論著重在報告書，而在內容相似的情況下，我的書是準備給想把文章寫好的行銷。因此，我在寫作時，更集中於行銷應該重視的內容，強調一般文章與行銷文章的差異，並說明為什麼行銷需要懂寫作。換句話說，我是在蒐集好現有的資訊後，轉變1%的觀點進行組織。

應用文寫作是以資料為基礎進行模仿和引用，再加上1%的獨創性。用和他人稍微不同的觀點展開文章，或者賦予文章一些不同的意義，這就是應用文寫作中必要的獨創性。讀者期盼的並非世上不存在的新事物，反而偏好熟悉的東西，只要把那些組織在一起並提出新觀點，就會讓人充滿新鮮感。若文章中還包含對讀者有益的資訊，就已算是面面俱到，擁有閱讀的價值。

不要害怕模仿和引用，俗話說「創作從模仿開始」。更何況，應用文不算是創作，反而比較接近資料整理，

模仿和引用本來就不可或缺。放下創造新內容的負擔感吧，讓我們仔細觀察蒐集到的資料，思考如何創造出1%不同的觀點，探索如何以1%不同的方式接近讀者。資料備齊、找到1%的新視角，接下來就剩下訊息的配置。只要把資訊羅列清楚，有效地傳達出主旨即可，以這樣的思考，寫作就會變得輕鬆許多。

2. 用事實填滿內容

應用文是資訊的羅列，而大部分的資訊是事實。寫作時，不妨把80%的篇幅當作事實填充。應用文必須用事實來支持，個人主張在後、數據事實在前。如果只憑個人情感下筆，那麼這樣的文章只能算是日記。應用文需要用事實填滿，讓他人在閱讀時得以同意。舉例來說，對於新買的筆電，如果只寫下「新的筆電真好用」，充其量只是日記；若進一步描述「新筆電的螢幕有40.6公分，畫面大且清晰；採用第12代英特爾核心處理器，運轉速度快；重量只有980克，攜帶便利」，就是值得他人閱讀的評論。

就像針對新筆電撰寫評論一樣，事實必須具體，如此才會具有說服力。事實愈具體，對讀者就愈有效。

行銷的寫作重點在「貼心」

不要寫「2022年上半年」，而是要寫「2022年3月15日下午3點」。

不要寫「真的有很多顧客購買」，而是要寫「累積銷售126,398件」。

不要寫「訂單爆量」，而是要寫「第17次回購」。

不要寫「大多數國民支持」，而是要寫「73.6%的國民支持」。

人們對我的主張不感興趣，但是會對事實表現出關心。我們應該透過事實，讓個人的論點具備信服力。如果只寫「這個人是明星作家」，那麼就算該作家真的擁有高人氣，讀者也不會相信；必須說明「這位作家擁有32本著作，累計銷量超過74萬冊」，讀者才會產生信任感。

除非是諾貝爾獎得主或如2013年出版《二十一世紀資本論》的經典暢銷書作家托瑪・皮凱提（Thomas Piketty），否則個人的主張都必須有事實支持，文章的權威性也是由事實所創造。我在《年輕四十，X世代的回歸》中的主張很簡單：X世代很重要。為了讓論點具有說服力，我蒐集羅列數百則事實與數據，像是「X世代的人口為801萬4,000名，占全國的16%」、「X世代家庭每月花費428萬韓元，是所有世代中金額最高的」、「進口車

市場上，X世代的消費者比重從2016年的28.3%，增長到2018年的30.7%」等。從X世代的現狀、成長歷程到消費傾向，我全部找事實佐證，理由很簡單，因為我若只強調個人觀點，沒有人會信服。唯一能讓我的論點增加權威性的，就是眼前確鑿的事實。

　　文章要寫得自信且篤定，如果寫的人缺乏自信，讀者也很難相信文中的論點。若想充滿自信地下筆，事實就要足夠明確，並擁有充分的資料。必須徹底釐清事實與論點的相互關係，讓文字的背後有所支持。如此一來，寫作時才能態度堅定，讀者閱讀時也才會感到安心。不能讓讀者陷入焦慮，應該用自信且篤定的語氣加以說服，這就是對讀者的體貼。

3. 機率與因果關係很重要

　　2008年播出的SBS電視劇《妻子的誘惑》，因劇情節奏明快且題材刺激，瞬間成為熱門話題，收視率更高達43%。不過，在受到歡迎的同時，此劇也備受批評，主要原因在於故事真實發生的機率很低。劇情的大綱是女主角具恩才被丈夫拋棄後決心復仇，重獲新生的她再次回到丈夫身邊，而丈夫就這樣一步步掉入陷阱。而問題就在於具恩才變身後的模樣，演員唯一的改變就是在眼睛下方加

了一個點。雖然只是電視劇，但這樣的安排讓觀眾難以入戲，於是飽受批評。

　　所謂「機率」，指的是並非絕對，但其性質有實際發生或成為現實的可能性。所有人都知道電影或電視劇來自虛構，但如果機率過低，也會受到大眾批評。而應用文是以事實為骨幹，在列舉各種事例或根據來支持論點時，就更要考慮到其中的機率。即使文章內容豐富、結構紮實，可只要某個部分讓人覺得缺乏機率，就會失去讀者的信任。

　　因果關係也是如此，不能為了支持個人觀點而牽強附會。引用資料時，前後的因果關係必須符合邏輯，這點是許多人在寫作時經常犯的錯。大致可分為三種類型：

第一種，是將偶然誤解為因果關係。
a. 他之所以和美女結婚
b. 是因為身為足球選手

　　將足球選手中有很多人和美女結婚的事實，誤解為因為是足球選手，所以和美女結婚。這種現象，其實大多是出自於偶然，並不是只要身為足球選手，就一定會和美女結婚。

第二種，是混淆因果關係與先後關係。

a. 只要我踏進某間餐廳

b. 那間餐廳的客人就會變多

在因果關係中，原因是發生在結果之前的事件。然而，最先發生的事件，並不一定會導致結果發生。我進入一間餐廳與餐廳的顧客變多，只是時間先後的差別，並非因果關係。

第三種，是混淆原因和結果。

a. 運動選手們都很健康

b. 因此，成為運動選手的話就會變健康

運動選手之所以能成為運動選手，是因為身體健康的關係。此處是將結果誤判成原因。

如前所述，原因和結果之間沒有任何關聯，但很多時候卻被勉強連結在一起。如果是因為不懂才犯錯，只要改掉即可，但問題就在於很多人明明知道，卻還堅持使用。許多人會為了貫徹個人主張，而故意犯下這種錯誤，在政界十分常見。此外，在學者之中，也有不少人會出現類似的失誤。明知故犯的因果關係錯誤，是破壞文章真實性的毒藥，無論有多心急，都絕不能陷入這樣的誘惑。

4. 遵守六何原則

　　六何原則是在小學時學到的寫作基本原則，只要遵守「何人、何事、何時、何地、為何及如何」這六大方向，就可以寫出不錯的文章。事實上，記者也嚴格遵守這項原則。從直述報導來看，第一段通常會包含六何原則，因為是整篇文章最重要的部分。新聞報導的撰寫順序是「重點先行」，讓民眾只要閱讀標題和首段，就能大致掌握梗概，而六何原則就是構成此核心的要件。

　　在山林火災發生後的第三天（2日），為了撲滅主要火勢，林務廳在日出後即派遣53架直升機及2,450多名消防隊員，集中投入密陽市的山林火災現場。

　　以六何原則分析的話，可以拆解如下：

何人：林務廳
何時：2日
何地：密陽市山林火災現場
何事：派遣53架直升機及2,450多名消防隊員
如何：集中投入

為何：撲滅主要火勢

只要讀完這則短文，就能掌握整篇報導的內容。而後面接續的段落，通常是針對第一段更詳細地說明，或者更生動地描述經過。

根據六何原則來寫作，就可以不漏掉任何一個重要元素。除了新聞報導之外，這種方法也適用於報告、提案或說明等應用文寫作。假如在下筆前，先整理、歸納過六何原則，那麼文章的輪廓就會清晰地浮現。因為原因和結果、主體與客體、時間和空間等，都已盡數囊括在內。某些分析現象的調查報告，還會在開頭就先整理出六何原則。

在寫一般文章時，沒必要像報導或特殊調查報告一樣，在開頭就把六何原則寫完。只要在撰寫的過程裡，於適當的地方逐一置入即可。雖然不是所有文體都必須套用六何原則，但寫作時建議把這個方法放在心上，有助於檢視文章中是否遺漏了最基本的要素。

第三章

行銷企劃的
寫作思維

글쓰기를
위한 마케터의
생각법

1

讓寫作變容易的構想方式

글쓰기가 쉬워지는 구성법

分類型思考 vs. 關聯型思考

我們要寫的文章已有固定的結論,支持該論點的事實也已準備就緒。現在,就剩下內容的組織與配置。首先要引起興趣,讓讀者產生閱讀的意願,且一旦進入就會持續讀到最後。為此,文章的組成必須有趣,要用各式各樣的事實或數據來講故事,不要一開始就猛烈推進,應該慢慢地提升強度。當讀者愈來愈感興趣,一路讀到最後時,我們再作出結尾,最後從讀者身上獲得預期的目標。組織內容時,只要記住這些原則即可。在下筆前配置段落的過程,稱之為「結構」。

著名心理學教授理查・尼茲彼(Richard E. Nisbett)在著作《思維的疆域》(*The Geography of Thought*)中,有一項有趣的調查結果。圖片中有牛、雞和草,研究人員讓孩子們將這三種事物做配對。結果顯示,西方兒童把牛和雞圈在一起,而東方的孩子則把牛與草做連結。前者認為牛和雞一樣是動物,後者的理由則是因為牛會吃草。由此可見,西方人習慣分類型思考,而東方人則偏向關聯型思維。

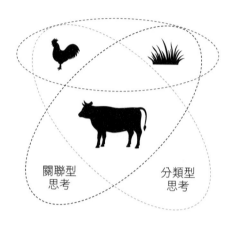

關聯型
思考

分類型
思考

　　試著想像一間食品賣場吧，假如所有商品都已到貨，現在只需擺設歸位。方法有兩種：一種是按類別陳列，另一種是按關聯性排放。

〈按分類思考的陳列法〉
蔬菜區：洋蔥、甜椒、辣椒、大蒜、生菜、番茄
水果區：蘋果、水梨、酪梨、草莓
調味料區：辣椒醬、大醬、義大利麵醬、番茄醬、美乃滋
麵食區：義大利麵、素麵
即食食品區：泡麵、三分鐘咖哩、罐頭

〈按關聯性思考的陳列法〉
義大利麵區：義大利麵、義大利麵醬、橄欖油、雞蛋
泡麵區：泡麵、雞蛋、蔥

沙拉區：甜椒、生菜、番茄、酪梨、橄欖油、檸檬汁

披薩區：麵粉、橄欖、義式臘腸、起司

　　我們在大多數食品賣場看到的都是按分類思考的陳列，之所以選用這種方式，原因在於擺放方便，且消費者也能快速找到想要的商品。

　　不過，也有使用關聯性陳列法而成功的案例，那就是東京蔦屋書店。他們在義大利麵料理書旁，連帶陳列了義大利麵用的平底鍋、義大利麵醬和義大利麵等。蔦屋書店之所以引發話題，就是因為很少有店面採取這種陳列法，一般而言，按分類思考的陳列法更有助於銷售。

　　寫作時配置內容的方法也一樣。正如《思維的疆域》提到的，東方人大多習慣關聯型思考，也有不少人會下意識用這樣的方法寫作。如果以關聯性為中心，便很難有系統地排列資料。就像賣場按相關性擺放商品時，橄欖油會重複出現在義大利麵區和沙拉區一樣，採取關聯型思維寫作，內容有時會重複，有時也會遺漏。如此一來，讀者就很難掌握文章的重點。

　　寫應用文時，要以分類思考為基礎，將內容配置得一目了然。尤其是報告或提案等商業文書，一定要採用分類型思考，唯有如此，接收的對象才能一眼掌握內容。應用

文寫得好,相當於擅長組織與整理,其中分類型思維不可或缺。

用分類型思維寫作的順序

寫應用文時的壞習慣,就是想到哪裡、寫到哪裡。假如內功深厚,或許可以一邊寫,一邊進行分類思考,把資料整理得有條不紊。不過,在一般情形下,想到什麼寫什麼,內容一定會非常混亂,讓讀者忍不住覺得:「你到底在說什麼?」

應用文在正式下筆前,必須先架好結構。例如我打算從首爾的家前往釜山西面的飯店,就會大致先把路線規劃好:「搭地鐵到首爾站,乘坐KTX到釜山站後,再轉乘地鐵至西面站。」安排好主要行程,接著才開始思考要如何從家裡前往地鐵站,是要徒步還是搭公車?KTX要買幾點的票?搭車前要不要簡單用個餐?或者乾脆買東西在車上吃?到達西面站後,要搭哪種交通工具前往飯店?

先把主目錄確定下來,再把對應的內容分配到主目錄之下。接著,定出次要的目錄,再將大致分類好的內容拆成多個小節。用這種方式整理的話,剩下的就只是按照既定的順序把內容填滿。想像成是把分散的資料蒐集起來,

然後照著說明書進行組裝，寫作就會變得容易許多。行銷的文章是一種商品，商品必須按照既定流程組裝，假如每次組裝的順序都不一樣，就難以保證其品質。應用文的組織順序基本上已經定好，只要按照步驟進行即可。

1. 決定主題：寫作目的要明確！

　　我們經常會忘記最初的目的。不僅僅是寫作，在任何方面都一樣，總是做著做著就變成一種習慣，回頭才赫然發現：自己已漸漸遠離目標。這種情形，正是因為我們在努力的過程中忘記了目的。假如目標明確，就算一時走錯路，也可以再重新找回方向。寫作時把主題定下來，就是要讓目的變得明確，亦即打算從對方身上獲得什麼樣的反應。

　　假如你正在經營評論電影的部落格，目的就必須明確：

　　首要目的：寫有助於人們挑選電影的評論。
　　次要目的：從讀者那裡獲得「○○推薦的電影都很
　　　　　　　　有趣」的反饋。
　　第三目的：最終成為具有影響力的電影部落格。

如果能夠先把目的定下來，行動時就有所依循，不會因為倦怠或麻煩，就只寫下「無趣、內容空洞」之類的評論。就算真的那樣寫，也會馬上改變想法，重新修改文章。明確地建立寫作目的，就可以防止文章走偏，讓每字每句都朝著既定的目標奔去。

2. 蒐集寫作的資料：蒐集支持論點的事實或數據

蒐集符合寫作目的和主題的資料。取得資料的管道很多，從書籍、報紙、雜誌、網路檢索到個人經驗等，全都可以蒐集。平時如果用 Evernote 或 Notion 等筆記工具，把實用的資料整理集中，必要時就可以很快派上用場。蒐集到的資料請大致分成二類：預計使用及不確定是否採用。針對預計使用的資料，可以在文中畫線註記，或是另外整理在 Excel 文件裡；不確定是否採用的資料，也請先保存起來，日後若有需求，就可以立刻拿出來用。

3. 配置寫作用的資料：按起承轉合分類

這個階段要確立文章的框架，可分為起承轉合，或是緒論、本論及結論。應用文經常採用後者，但如果想寫得有趣一點，不妨以起承轉合做為主架構。在安排內容時，有一點絕對不能忘，那就是每一個段落，都必須引導讀者

行銷企劃的寫作思維

進入下一階段。亦即,緒論是為了讓讀者接著閱讀本論,本論也是為了接續結論而存在。以下就用前文提到的頸紋霜為例:

> 起:如今,頸紋也需要細心地呵護管理。頸紋明顯的話,目測年齡就會比實際年齡老。
>
> 承:○○霜的效果有好口碑認證。四十多歲的家庭主婦A,持續使用乳霜三週,頸紋明顯獲得改善;三十多歲的上班族B,將乳霜輕抹於眼周,亦擁有極佳的效果。
>
> 轉:知道這款乳霜為什麼有效嗎?因為它採用了特殊的專利技術,讓分子變得更小、更好吸收。產品以100人為對象進行了臨床試驗,有70%以上的人表示皺紋獲得改善。
>
> 合:頸紋霜目前為熱銷商品,錯過要再等一個月。一次下單三組,可享八折優惠。心動不如馬上行動!

「起」是緒論,「承」、「轉」是本論,「合」則是結論。在「起」的部分帶出主題,但不是貿然地強調「下單頸紋霜」,而是以讀者感興趣的話題,慢慢地切入重點。

在「承」的部分，正式介紹頸紋霜這項產品；「轉」則是接續談論主題，但是換個角度描述。「轉」在應用文中可有可無，就算刪掉也不影響文意。不過，缺少「轉」的話，多少感覺有些空虛；若能加進去，文章會變得更有說服力。「合」是文章的結尾，在此點出結論，請讀者付諸行動。

配置內容是寫作最重要的階段。整理資料時，建議將各段落的大綱寫成一行，方便之後進行擴寫。此外，若先把大綱定下來，一眼就能掌握全文型態，並且按照架構圖來下筆。

4. 寫作：按架構圖填入內容

一邊看整理好的架構圖，一邊把蒐集到的資料填進去。開始各段落的寫作時，建議再進行一次簡略的內容配置——抓出各段落的小標題。把小標題定好後，就可以針對框定的範圍下筆。看起來很長的段落，也可以用小標題做切割，如此一來，就能夠不偏離目標，順著文章的脈絡書寫。

寫作時，盡量想著從一到二、二到三，三再到四，將具有相關性的內容放在一起，並思考這段文字能否讓讀者順利接到下一段。換句話說，上一段必須起到誘餌的作

用，引發閱讀下一段的興趣。就這樣，確認文章朝著既定的目標前進，在強度逐漸增強的同時，也要兼顧到讀者閱讀的樂趣。

5. 追蹤修訂：修正再修正

　　海明威曾言：「所有初稿都是垃圾。」文章編輯愈多次，品質就會愈好。寫完不等於結束，從此刻開始要一遍遍地來回檢視、修改。海明威針對《老人與海》修改了200多次。

　　文章寫完後不妨先關掉，等隔天再重新檢視，因為我們需要時間來擺脫寫作時的情感。假如時間不夠，也至少等30分鐘後再重新閱讀。閱讀時，建議挑選與寫作時不同的環境，或者將檔案列印出來，如此更能保持客觀的視角。我自己喜歡把檔案轉成PDF，然後存在手機裡閱讀。因為用手機瀏覽時，文章的字體會縮小並顯示成一頁，能夠輕鬆地確認整體架構。此外，在地鐵或其他地方用手機閱讀時，雖然是自己寫的文章，讀起來卻會有不一樣的感覺。

　　修訂時，首先要檢查整體內容，確認是否有不合邏輯的部分，以及從上一段接到下一段時是否流暢。其次，必須檢查看看有沒有哪些內容是與主題無關，只是因為有

趣就被放進去。假如有這樣的文句，建議果斷地刪除。最後，請檢視一下有沒有哪個部分說服力不足，如果需要補充事實或數據，不妨從先前保存的資料裡找尋。

　　檢查完內容後，接下來要確認文章的形式。首先是句子的長度，假如有寫得太長的句子，可以稍微斷句或切割。縮短句子時，請一邊留意有沒有可以再刪減的贅字。有時句子長的時候不明顯，但一把句子斷開，就會發現許多贅詞贅字。接著，盡量把多餘的連接詞和修飾語刪掉，然後確認句子主語和謂語的關係是否正確，或者有沒有錯別字。

　　當該修改的都修改完後，請試著把文章唸出來。如果太長讀不完，就改用默唸的方式。若有哪個部分讀起來拗口，那就是寫得不順，建議進行修改。假如需要更客觀的意見，不妨請身邊的親朋好友閱讀，通常可以找出自己看不到的謬誤或錯別字，若能直率地給予評價更好。根據第三者的意見修改文章後，便正式大功告成。

2

根據文章架構使用不同的敘述法

글의 구성에 따른 전개 방법

應用文的基本架構

寫作時，最重要的就是採取「讀者容易接受的方式」。易讀的文章通常由幾種要素組成，首先是簡單的詞彙。由詞彙組合而成的句子，必須讓人容易理解，句子和句子之間的連結也要順暢，成為方便閱讀的段落。接著，必須有效安排段落的組成，讓讀者易於接受。段落的配置方法，就是所謂的「架構」。

文章的完成度，最終取決於架構。架構紮實的話，讀的人就很容易看懂，寫的人也會相對輕鬆，因為只要把內容填進定好的框架裡即可。若下筆時如流水般順暢，創意也會隨之湧現，有時還會想到新穎的比喻或貼合語境的詞彙，能夠將單詞和句子運用自如。就像熟悉食譜後，就懂得加入或去除某些食材，發揮技巧提升料理的精緻度。若想達到這種境界，第一步就是按照食譜練習。同理可證，唯有先熟悉架構文章的方法，才能寫出引人入勝的文字。

我們小時候在學校都學過文章的架構，例如緒論、本論、結論，或是起承轉合等。這種文章架構，不是由某個人獨自創造，而是自從文字成為一種溝通手段後，許多人為了讓文章更具有說服力，不斷思索、探尋出的結果。換句話說，這種架構是為了獲取他人共鳴，從各種方法中篩

選、集結出的精華。因此，只要按照共通的架構書寫，通
常能有一定的成效。

形式			內容	展開方式	
緒論	起		開頭	概要	
				定義	
				引用	
				提問	
				故事	
本論	承	轉	根據	羅列	分類
				重要度排序	
				問題與解決	
				比較	對照
				故事	
結論	合		訊息	要求	
				解決方式	
				意志	
				引用	
				提問	反轉

〈應用文的基本架構〉

　　應用文一般的結構為開頭→根據→訊息，等同於緒論、本論、結論或起承轉合。開頭、根據和訊息是各部分的內容，以這樣的方式思考，各段落應該寫什麼就很明確。亦即，在緒論中吸引讀者，在本論中提出主張的根據，在結論中傳達訊息。只要針對結構中的各部分，選出合適的展開方法，就能順利寫完一篇文章。當熟悉這種模式後，以後就算不特別思考架構，也可以寫出與目的相符的文章。

〔開頭〕誘惑要在30秒內！

　　一般人瀏覽一個網頁的時間大約是4秒，4秒內可讀的字數大約是25字。如此說來，緒論的第一句話，應該要濃縮在25字以內，而且必須簡潔有力。唯有這樣，才能在短短的4秒中，將讀者引導進我的文章裡。

　　被文章的前25字吸引，進而開始閱讀文章的讀者，只會用30秒的時間來決定是否讀完全文。據媒體研究人員指出，人們只需30秒左右，就能判斷一篇文章是否值得閱讀。如果緒論內容無法在30秒內留住讀者，他們就會毫不猶豫地按下「關閉」鍵。

　　不僅僅是網頁，自傳也是如此。收到一大疊履歷的人資主管，會不會將一份自傳讀完，也取決於文章開頭是否有吸引力。**應用文的命運，都是由開頭來決定，因此，必須在30秒內把讀者留住。**

1. 從概要起始，中規中矩的開頭

　　報告、說明或新聞稿等，經常以概要做為開頭，這也是應用文常用的方法。雖然不具有特別的吸引力，但還算中規中矩，在起始就濃縮告訴讀者接下來的內容。這種寫法，特別適用於要在短時間內掌握核心的商業寫作。撰寫報告時，如果以摘要為開頭，能夠節省閱覽者的時間，因此備受青睞。

　　以下是韓國京畿研究院發行的《2021年上半年京畿道信用卡消費趨勢分析及啟示》的報告開頭，內容分析新冠肺炎和京畿道第二次基本所得災難補助，對信用卡銷售趨勢的影響。只要閱讀開頭，就能掌握報告的整體內容，判斷這些是否為自己需求的資訊。

- 新冠肺炎的流行反覆地緩解又擴散，目前確診者正大規模增加。由於疫情趨於長期化，推測消費者的消費型態會跟著產生改變。

- 京畿道31個市郡2021年的信用卡消費總額，與2019年同期相比，多數地區都呈現復甦的趨勢。
- 2021年1月～4月各主要產業的信用卡消費總額，與2019年同月相比，在交通運輸及食品領域會出現較高的變動。
- 京畿道第二次基本所得災難補助的發放，使振興券加盟店家的銷售額較非加盟店家上升約8.4%。
- 為了振興京畿道的經濟，未來的政策規劃需要將非加盟店家一併列入考量。[10]

2. 從定義起始，抽象型的開頭

在開頭，對某種現象或事物進行定義，主要用於評論、政治家演講稿、理論書籍等。這類文章中使用的定義，通常很難馬上理解，因為它抽象地表達出文本所欲傳達的核心。因此，若以定義為開頭寫作，接下來的內文必須提出具體的根據，如此才能擁有足夠的說服力。

以定義為開頭的作品中，我所知道寫得最優美的文字，是著名天文學家卡爾・薩根（Carl Sagan）的《宇宙》（*Cosmos*）。這本書講述了浩瀚宇宙的驚奇，以及在宇宙面前顯得無限渺小的人類，內文於起始的部分，就對宇宙做出了定義：

宇宙現在是這樣，過去是這樣，將來也永遠是這樣。

3. 從引用起始，信賴度高的開頭

在開頭，引用名人的言論或著作，有助於確立文章的可信度，並讓讀者以友善的視角開始閱讀。因為大眾熟悉的名人，有替文章背書的效果。引文若選得好，內容的開展就會變得容易許多。

針對X世代的行銷手法，我曾主張「讓人們忘記年齡」，並舉了全球家具品牌IKEA的口號為例。亦即藉知名品牌IKEA的權威，讓論點更具有說服力。比起單純強調「讓人們忘記年齡，是很好的行銷手法」，寫作時適當地引用，文章會更值得信賴。

IKEA將品牌目標設定為「Young people of all ages」（所有年齡層的年輕人），不限制消費者的生理年齡和經濟狀況，只要有年輕的品味，就是IKEA的客群。喜歡以合理價格購買家具及裝飾品，並享受親手組裝的過程，這樣的對象無論年齡多大，都是所謂的年輕人。

4. 從提問起始，引發好奇心的開頭

　　適當的提問，是有效吸引讀者的方式。假如開頭的提問能讓讀者感到好奇，他們就會滿懷期待地繼續閱讀。不過，若接下來的內文不能滿足讀者，他們就會非常失望地離開。其中最具代表性的就是網路新聞，網路媒體經常濫用「衝擊」、「駭人」等詞彙，以標題誘騙讀者，但實際上內文完全與標題無關。

　　如果以提問來吸引讀者，就應該給出能滿足期待的忠實答案。若內文能充分消除讀者的疑問，他們對文章的滿意度也會提升。

　　足以拯救新創企業的「優秀提案」都有共同點。該如何寫出優秀的提案呢？

5. 從故事起始，引發興致的開頭

　　人們對故事情有獨鍾。專欄、報導文學、散文，甚至是品牌的宣傳文，都經常用故事做為起始。就像提問一樣，故事也能引發讀者的好奇，若善加利用這股力量，就可以讓對方順暢地把文章讀完。此外，故事也有助於長期記憶。

以下是化妝品品牌SK-II代表商品「青春露」的開發歷程，在開頭，品牌透過故事來描述其誕生，讓人對該產品心生好奇。

> 「PITERA」是大約30年前在日本的啤酒廠裡發現。老釀酒師的臉上布滿了皺紋，但他的雙手卻像嬰兒的手一樣白皙柔軟。化妝品公司的研究人員注意到這一現象，並開始研究「酵母發酵代謝液」，其中含有對肌膚有益的成分。經過對350多種酵母的長期研究，一種名為「PITERATM」的創新成分就此誕生。

〔根據〕用事實進行說服！

應用文裡通常包含了某種主張，或者欲說服他人的內容。說服要用「事實」來達成，而「根據」就是以充分的事實來支持論點。假如在開頭成功吸引讀者，但內文的事實與根據相當薄弱，讀者必定會大感失望。這就是為什麼有些人在網路上被聳動的標題誘惑，但點進文章後忍不住大罵記者。寫作時，必須提供正確且具有說服力的事實做為根據。如此一來，就算不勸讀者「快點下單」，他們也

會因文中列出的事實或數據大吃一驚，覺得「天啊，這個我必須買」。唯有這樣，才能在文章的最後階段，達到自己預期的目標。

從開頭過渡到訊息的過程，就是所謂的「根據」。根據通常由好幾項事實組成，我們應該利用分類思考的方法，將多項事實歸納成一個區塊，然後適當地配置在緒論到結論的中間。區塊的安排可以由小至大，也可以交錯放置論點相反的資料。只要挑選最有效的方法進行排列，幫助自己順利傳達訊息即可。

1. 羅列和分類

羅列和分類是最簡單的排列方式，不管優先順序如何，只要把歸納好的區塊排上去即可。顧名思義，「羅列」就是隨心所欲地擺放；而「分類」則是像食品賣場的陳列一樣，將細部內容分別擺放到所屬的類別裡。隨筆之類的文章，通常用羅列即可；如果想敘述得更有邏輯，則不妨採用分類的方式。

假設要把自己去釜山的經歷寫下來：若文體是遊記，可以按照意識流或時間順序排列；如果是出差報告，可以先劃分出業務或問題的類別，然後將對應的內容進行分類；若寫的是商業文，最好也採用分類的方式，因為在寫

作技巧尚未成熟時，一不小心腦中的資訊就會顯得雜亂無章。

a. 羅列

以下節錄自某篇報導文學，採訪的是國定假日也默默堅守在工作崗位上的人。各則故事在重要度上沒有區別，只是用羅列的方式，靜靜描繪出春節時的風景。

在幾乎所有人都放假的傳統節日，市內卻仍可見到默默揮汗如雨的工作者。我們採訪了三位靜靜守在自己崗位上的市民。

「三十年來無肇事紀錄……希望今年也能繼續安全駕駛。」
○○○司機駕駛的公車，在市內行駛已達三十年。過去的三十年間，公車從未發生過事故，他也因此感到自豪。春節當日（12 日），他和平時一樣，清晨五點準時上工，雙手緊握方向盤。

「到職後從未在節日休息過……但我反而因此感到驕傲。」

首爾中部警察署的朴〇〇警長（29歲），自從24歲開始任職後，就從來不曾在節日見到過父母。「節慶時沒有警察人員會休假，但我一點也不覺得辛苦，父母也為我這樣的兒子感到自豪。」

「每年春節都要在醫院熬夜⋯⋯但我還是很享受節日。」

在癌症病房工作的金〇〇護理師（31歲），今年春節被安排在晚上11點到早上9點的夜班。成為護理師的9年來，每逢節日他都必須在醫院熬夜工作，從來沒有回過家鄉。雖然身體很疲憊，但節日時，病房也會瀰漫著與平時不同的歡樂氣息，讓人產生動力。

b. 分類

在羅列多種資料時，採用分類的方式較容易閱讀。以下的文章，是行銷業務經常使用的小工具說明，文中按照主要功能將小工具分為三類，並整理出12個小工具的優缺點。光看小標題，即可一目了然地掌握其排列方式。以分類法羅列資訊時，如果事先告訴讀者會列出多少項目，如「將12個小工具分成三類」，讀者就更容易理解接下來的內容。

▶讓行銷工作的效率提升10倍！按用途分類的12種常用小工具：

1. 簡單又方便的免費問卷調查工具

1）若公司主要以Google Workstation作業，「Google Form」就是最好的選擇。

2）最容易上手的問卷調查工具「Naver Form」。

3）可免費使用多種功能的「SurveyMonkey」。

4）最適合UX的問卷調查工具「Typeform」。

2. 分析消費者和趨勢的市場調查工具

5）「Naver Data Lab」，反映最生動的市場趨勢。

6）在大數據中找出關鍵的「Google搜尋趨勢」。

7）對數據背後的真實想法感到好奇時，請使用「Sometrend」。

8）想追蹤並管理感興趣的關鍵字，就選擇「BLACKLIWI」。

3. 聰明地分工合作！實用的智慧輔助工具

9）合作工具的最強者，「Google Work Space」。

10）劃時代的備忘錄應用程式「Notion」。

11）管理專案的最佳輔助工具「Trello」。

12）代替Kakao Talk，在公司就用「Slack」。

2. 重要度排序

按重要度排序事實，最具代表性的就是新聞報導。新聞報導的構成法被稱為「倒金字塔結構」，亦即把最核心的內容放在最前面，根據重要度依次排序。就算只留下第一段，把剩下的內容全數刪除，也能掌握新聞的核心內容。

新聞稿也是遵循同樣的順序。首先，要採用最容易轉換成報導的形式；其次，是快速傳達核心內容，從記者每天會收到上百封信件的信箱裡脫穎而出。需要與其他人競爭的自傳也不例外，假如按照重要性來寫，將有利於被面試官選中。向時間緊迫、需要快速掌握關鍵資訊的執行長或高階主管報告時，內容如果是按重要度排序，也會顯得更有效率。

以下新聞稿的主題，是韓國行政安全部順利推動全國公共設施進行耐震加固措施，採取典型的倒金字塔寫法。在第一段中，包含所謂的六何原則；第二段的內容，則是針對第一段提出更詳細的事實與數據，消除讀者的好奇心。到第三段，進一步說明耐震措施有什麼樣的長期計畫，即使跳過也不影響對內文的理解。最後，第四段引用官員的訪談，新聞稿中的引文，通常是對事業成果賦予意義或承諾等，即使刪除也不影響文意。

1. 行政安全部（全海澈部長）表示，去年推行的
   「現有公共設施耐震加固政策」，實行結果耐震率
   達到72.0%，比當初（2021年）的目標值71.6%
   高出0.4%。

2. 仔細檢視去年的業績報告，中央行政機關及地方
   政府等共投入6,721億韓元，追加確保4,129個
   地點（中央行政機關3,200個，地方政府929個）
   的耐震性。

3. 中央行政機關及地方政府為了提高道路、鐵路、
   港口等國家基礎建設及學校等公共設施的耐震
   性，根據以五年為單位的中期計畫《現有公共設
   施耐震加強基本計畫（2021～2025）》，每年制
   定並推行「耐震加固政策」。

4. 行政安全部災難管理室長金成浩（音譯）表示：
   「為了盡快確保公共設施的耐震性，以免地震發
   生時遭受巨大損失，需要持續的監督及預算投
   資。」、「為了順利推動第三階段的基本計畫，
   我們將會與相關部門繼續努力」。[11]

3. 問題與解方

　　顧名思義，就是提出問題與解決方案的展開方式。工作中需要編寫的報告、企劃書、草案等，幾乎都是採用這種寫法。商品的詳細說明與介紹，通常也會遵循此模式，例如指出消費者可能遇到的不便或問題，再強調該產品能夠加以解決。

　　工作者的能力，取決於能否適當地提出問題、準確地掌握原因，並提出有效的解決方案。光是指出問題還不夠，若解決方案不夠具體或難以實現，文章就會缺乏說服力。解決方案展現一個人的專業性與可信賴度，因此寫作時不能馬虎，需要有具體的計畫或執行方案做支持。

　　商品也是一樣，能解決多少顧客的問題，商品就有多少吸引力。在提出問題解決方案的過程中，通常會強調產品的專業性，例如取得專利或使用特殊工法等。在說明專業性時，切記不要過度使用消費者聽不懂的困難術語，或者埋頭於介紹技術本身。最重要的目標，是親切說明該產品可以如何「解決」顧客面臨的難題。

　　下文摘自募資平台 Wadiz，基於平台的性質，該網站上有許多銷售功能性產品的製造商。而這些廠商都有個共同點：詳細列舉各項事實與數據，解釋產品如何解決顧客的問題。範例中介紹的產品，是具有伸展小腿功能的拖

鞋。在詳細頁面的開頭，賣家指出顧客面臨的「小腿浮腫」問題，以及難以消腫的各種原因。接著，再依生物力學說明這種拖鞋如何緩解小腿浮腫，並逐一列出其優點。

再怎麼努力也消不掉小腿的浮腫，壓力很大吧？

－每天早上小腿都水腫

－下班回家後，發現小腿硬梆梆

－腿部經常感到疼痛或疲勞

－生活忙碌，沒有多餘的時間運動

－對腿部的線條感到自卑

小腿的浮腫為什麼難以消除？

因為在日常生活中，我們的小腿肌肉經常處於緊繃狀態。長時間站立、坐姿不良、挑選的衣服或高跟鞋等，都可能是造成小腿浮腫的原因。肌肉的緊張（收縮）與放鬆（鬆弛），必須反覆達到平衡。

消除浮腫的關鍵，在於反覆的伸展運動

－光是穿著走路，就可以完成下肢伸展運動，強化核心肌群

－特殊設計的鞋底，可以自然引導擺動

—集中伸展內側及外側的小腿肌肉

—刺激腿筋與大腿

—訓練核心肌群,增強身體平衡

只要穿著就好!

忙碌的早晨,只要穿上它在家走動,外出前就能消除腿部浮腫。

經過科學驗證,伸展可以減少肌肉的緊張和腫脹

穿著○○拖鞋抬起腳尖,即可刺激腓腸肌(小腿後側);反之,如果縮起腳跟,則會刺激脛前肌(小腿前側)的肌肉運動。行走時,腓腸肌、脛前肌、腿筋與豎脊肌都會處於運動狀態。

安全又有效的伸展運動細節

Detail 1. 拖鞋的軟墊材質與身體軟骨的硬度相近(60度±3),穿戴時大大減少膝蓋、腰部的負擔。

Detail 2. 腳踝角度超過45度時,可能產生過量的負荷,○○拖鞋設計出最佳角度,將伸展運動局限在安全範圍內。

Detail 3. 比一般拖鞋厚且長的鞋帶，可穩定抓住雙
　　　　　腳；鞋墊內貼合足弓的理想設計，可引導
　　　　　出自然的伸展。

簡單卻擁有驚人的小腿伸展效果，不管在哪裡，都
只要穿著就好！ [12]

4. 比較與對照

　　比較和對照是將相似或不同的東西放在一起檢視。比
較是為了發現相似點，而對照則是為了找出不同的地方。
這種寫作法，經常用於市場分析報告、專欄等，亦即透過
比較找出共同點、提出看法，或者藉由對照掌握優缺點。

a. 比較

　　前文介紹Toss、Market Kurly、29cm寫作模式的內
容，就使用了典型的比較法。我將三種網路服務的寫作模
式放在一起比較，找到它們下筆時的共同點：從顧客的立
場出發。

　　Toss培養了一個目前鮮為人知的UX Writing專業團
隊。這支團隊負責把一般人覺得艱澀的金融用語改
得簡單易懂，藉此提升用戶體驗，除了解釋困難

的術語之外，也刪除贅詞讓句子變得更簡潔。Toss
的寫作有四大原則（Writing Principle）：站在用戶
的立場傳遞資訊（User-side Info）、刪減冗詞贅字
（Weed Cutting）、白話易懂（Easy to Speak）、維
持一貫性（Keep Consistensy）。「簡單又方便的金
融」，Toss品牌化之所以成功，正是因為寫作時能
細心考量到用戶的立場。

Market Kurly的產品說明頁，完全地以消費者為出
發點。Kurly在商品說明頁上只保留必要的內容，
大幅縮短文案長度，並且將焦點集中於消費者體
驗，以此做為商品介紹的重點。Market Kurly擁有
快速送達新鮮食品的穩固形象，除了凌晨配送之
外，品牌經營也立基於站在消費者立場，以購買和
食用的角度撰寫商品介紹。

29cm將一些不曾用文字表達出來的共同經驗，反
映在行銷的字裡行間。「針織毛衣，被擁抱的感
覺」，這樣的廣告文句，能讓人想起針織毛衣的
親膚觸感。29cm卻喚起消費者在穿著柔軟、厚實
的針織毛衣時，身體被緊緊裹住的慵懶感覺。不

是用文字來說明，而是直接讓人身歷其境。在熟
悉的日常中發掘意義、價值與契機，將之重新包
裝──29cm的文案祕訣，就在於給人與眾不同的
「感覺」。

　　三個品牌在寫作上也有共通點，就是完全從用戶的立
場出發。亦即，雖然品牌有明定的目標，但不會自顧自地
傳達訊息，而是把重點放在顧客感興趣的內容。將困難的
金融用語簡化，讓用戶容易理解；描繪出消費者將食物放
進嘴裡時的快樂，而不是列舉種植新鮮蔬果和凌晨配送花
費的心力。它們在意想不到的情境裡，喚起消費者於日常
中感受到的情緒，進而引起共鳴。

b. 對照

　　在以下的範文中，將Coupang和SSG的物流系統做了
對照，藉此了解兩家物流公司在經營路線上的差異，以及
公司戰略的優缺點。

　　物流中心的工作流程，大致分為八個階段：依次為
下車／卸貨、拆包、倉庫移動、倉庫分類、包裝、
移動、驗收、上車／配送。Coupang依靠人力完成

其中的五個階段（拆包、倉庫分類、包裝、驗收、上車／配送），而SSG的人力只負責三個階段（拆包、驗收、上車／配送）。SSG順利落實連亞馬遜也沒能做到的倉庫分類自動化，物流中心的作業效率非常高。反之，Coupang在整個物流的作業裡，對人工十分地依賴。

兩間公司在物流系統上的差異，也會影響到主要經營的產品路線。像SSG一樣追求自動化的物流中心，主要經營規格化的商品，因為大小和種類有所限制。因此，在SSG.com的網站上，即時飯等加工食品的比重高達65%。反之，大部分以人工作業的Coupang，可以經營各式各樣的商品，有多達600萬種商品都能走火箭配送。[譯註4]

Coupang和SSG的戰略各有優缺點。前者需要大量的人力，人事成本負擔高，假如交易量增加、物流中心擴增，成本也會隨之上升。就公司的長期成長來看，物流費用的支出會成為一大阻礙。反之，SSG在人事成本上負擔較輕，Coupang平均一間物流中心有1,600多名員工，而SSG只有約250名。

譯註4：Coupang的快速到貨系統。

不過，SSG 在自動化設備上需要投入大量的時間與
經費，建置具自動化系統的物流中心，也需要較寬
闊的土地，因此，在擴大配送範圍上，SSG 的耗時
相對更長。無須考慮自動化設備的 Coupang，可以
租賃現有的建築物使用，這一點非常有利，也是火
箭配送範圍能夠迅速擴大的原因。

5. 故事

　　說故事的能力愈來愈重要，不僅是電影、電視劇或
遊戲，近來連行銷、教育和政治領域，都強調故事的重要
性。故事是人類開始使用語言以來，最受歡迎的溝通方
式。用故事來傳達訊息，可以讓對方更有共鳴，長久地銘
記在心，也可以廣泛地流傳。故事的力量，遠比想像中還
要強大。

　　戶外裝備巴塔哥尼亞（Patagonia）的品牌哲學非常
有名，即最大限度地減少環境損害，同時製造出最好的
產品。在創業初期，品牌創辦人伊馮·喬伊納德（Yvon
Chouinard）意識到「岩釘」（piton）會對岩石造成損害，
從而放棄銷售這項熱門的登山裝備，並開發出能將環境損
害降至最低的「岩楔」（chock）。透過這些實際行動，可
以看出巴塔哥尼亞這間公司對於環保的虔誠。

1970 年，「Chouinard Equipment」成為美國最大的攀岩裝備供應商，但與此同時，也開始成為破壞環境的罪魁禍首。攀岩運動的人氣程度緩慢而穩定增長，吸引不少人前往博爾德附近的埃爾多拉多峽谷、紐約的沙旺克、優勝美地谷等知名的攀岩路線。堅硬的鋼釘反覆插在脆弱的岩縫中，使岩壁受到嚴重的損壞。在爬完酋長岩的 Nose 路線後，我發現這個在前幾年夏天還保有原始面貌的地方，已受到嚴重破壞，我不得不帶著惡劣的心情返家。後來，我和弗羅斯特決定逐步淘汰「岩釘」（piton）的銷售，開始踏上環境保護之路。岩釘是我們事業的支柱，但這項商品卻正在破壞我們深愛的岩壁。幸運地是，有一種物品可以代替岩釘，那就是用手插入固定的鋁製「岩楔」（chock）。我們以 stopper 和 hexentric 為名，小量生產並銷售自己製作的版本，然後從 1972 年開始，正式將其納入 Chouinard 的商品目錄。

目錄的開頭，是一篇講述岩釘會對環境造成危害的社論。這篇文章的標題是「乾淨攀岩」（Clean Climbing），以強而有力的句子做為起始：「有一個詞可以形容，那就是『乾淨』。因為岩石不會因

前攀登者而變形，所以稱之為『乾淨』。攀登時不會用鐵鎚敲敲打打，在岩壁上留下傷痕，讓下一個人見不到自然的樣貌，所以稱之為『乾淨』。不對岩石造成損壞，以有機的方式自然攀爬，就是所謂的『乾淨攀岩』。」

然而，年長的攀岩者對此表示反對，過去他們習慣用570克重的槌子，儘可能把岩釘敲進岩壁裡；年輕的攀岩者也提出抗議，質疑攀登陡峭的岩壁時，經常會運用到岩釘，怎麼可能只用小小的鋁製岩楔替代。為了證明我們的論點，布魯斯・卡森和我在不使用鐵鎚與岩釘的情況下，靠岩楔和幾個已經固定好的岩釘與螺栓，登上酋長岩的Nose路線。

在目錄發行後的幾個月，岩釘的銷售量明顯下滑，而岩楔的生產速度，開始趕不上出貨的速度。

〔訊息〕讓讀者行動吧！

是時候說出真正想說的話了。在最後階段，必須有一個結尾，不能只是單純得出結論。這就是為什麼我們把它稱為「訊息」，而不是「結論」。訊息意在呼籲讀者採取行動，像是購買、簽核、訪問網站、錄取，或者改變思維等。

　　人們喜歡推遲決定，這是一種本能，因為決策總是伴隨著責任。假如訊息傳達得不明確，讀者就會在不做決定的情況下關閉文章。雖然覺得「購買這款拖鞋對我有幫助」，但只要沒有看到明確的指令或訊息，就會想著「我之後再下單」，然後離開網頁。對於準備按下「關閉」鍵的讀者，我們需要告訴他：「最好現在就下手」。亦即，必須清楚地要求讀者做出某項決定，不能讓對方在讀完文章後，還疑惑：「所以我要做什麼？」寫作應用文時，不能留有餘韻。

1. 提出請求

　　請求就是直接告訴讀者要採取什麼行動，要求改變行為或想法。其中最具代表性的，就是商品的銷售頁面，例如「心動不如馬上行動」等。自我啟發類書、演講稿或社論，通常也都以敦促讀者改變行為或思考模式來收尾。

　　東方人對於直接提出要求經常覺得尷尬，很多人會認為：「講到這裡，對方應該知道是什麼意思了吧？」不只無法明確提出請求，還常常讓好不容易下定決心的讀者陷入猶豫。像是仔細介紹完商品後，卻沒有提供購買頁面的連結，或是把電子郵件、電話號碼等聯繫方式寫得很小。準確、親切地告訴讀者現在該做什麼，是對花費時間與精

力把文章看完的讀者的禮儀。

> DAJABA噴霧近期訂單量劇增，目前我們正努力進
> 行第18期回購的生產。為感謝顧客長時間等待，
> 接下來將舉行特別的回饋活動。自8月1日起下單
> 的顧客，購買2瓶時額外贈送1瓶（2＋1），限量
> 100份。本期結單後，今年將不會追加生產，錯過
> 再等明年。現在馬上訂購吧！〔購買連結〕

2. 提示解決方案

　　對某一事件提出問題，如果掌握了原因，就該一併提出問題的解方。很多人擅長提出問題，但是卻很難給予相應的解決方法；或者以批判的觀點指出問題，提到解決方案時就模糊不清地帶過。報告、企劃、提案等，我們經常會面臨各種需要提出解決方案的情況。寫作時，解決方案必須實際且具體，工作者的能力正在此凸顯。同樣地，讀者對專家抱有多少信任，也取決於對方能提出什麼樣的解決方案。

　　2019年7月，時尚平台Musinsa在IG上傳了一篇襪子的廣告文，其中寫到：「我拍了一下桌子，它『咻』的

一下就乾了。」這篇貼文因隱射已故民主運動人士朴鍾哲遭拷問致死[譯註5]的事件，受到消費者強烈批評。當時，Musinsa立即採取應對措施，並公開發表道歉聲明。這篇誠意十足、充滿具體解決方案的文章，被評價為「標準道歉信」，還幫助公司扭轉了原本可能跌落的形象。以下是道歉聲明的最後：

> 根據公司的用人規定，對內容創作負責人予以停職、減薪及調職；對於未確實進行覆核的編輯組長，予以減薪處分。
>
> 今日（7月12日）邀請了EBS的崔兌誠講師，以全體員工為對象，舉行近現代史民主化運動講座。此外，從下週開始，任何文宣在發布前，都將經過兩道覆核的程序。
>
> 雖然事件起因為無知，但這不足以成為我們犯錯的藉口，因此，我們正以嚴肅且沉重的心情進行後續處置。
>
> 以此事件為契機，未來我們將承擔更大的責任，慎

譯註5：韓國已故民主運動人士。當時韓國政府為了隱瞞朴鍾哲被水刑拷問致死，試圖以「心臟病發」掩蓋真相，對外謊稱「我拍了一下桌子，他『啊』的一下就死了」。

重地製作文宣內容。如前所述,我們將改善公司內部的覆核機制,以防文宣內容可能對某人造成傷害。

道歉聲明將同步刊登於Musinsa網站,同時於主畫面上以彈出視窗的形式顯示三天。再次誠摯地向大家致歉。

3. 表達意志

　　最能體現作者意志的文體就是「自傳」。在自傳的前半部,通常會用各種事實說明公司或學校為什麼需要自己;在結尾,則必須明確表達出自己在入學或到職後可以做些什麼、想做什麼,強烈請求對方予以錄取。企業的新聞稿通常也承載著意志,例如「將透過ESG經營,成為綠色企業」。

　　以下這篇自傳的結尾,就具體說明了到職後的規劃,並積極表示自己是適合公司的人才。

　　我會承擔起資訊安全長(CISO)的角色,成為〇〇集團的資安專家,並負責IT部門的經營,挑戰世界第一的資安水準。為了實現目標,我已取得資訊安全技術員的證照。若有幸加入貴公司,我也

不會停止追求進步，將持續挑戰 CISA、CISSP 等
資格證，不斷地開發自我。如果能夠進入○○集
團，我期許自己能在第五年參與公司的資安規劃，
為專案出一份力，藉此提升內部系統的效率。此
外，在公司任職超過十年後，我期許自己成長為負
責公司內部系統和○○資安的將才。

4. 引用

　　在一般的應用文裡，很少以「引用」當作結尾，較
常見於專欄或是文學性強的隨筆等。就像在開頭若引用得
好，可以有效吸引讀者一樣，如果在結尾引用符合個人意
圖的名言佳句，就會留給讀者深深的餘韻。

　　就應用文而言，廣播或新聞報導較常於結尾處進行引
用（quote），例如對報導中涉及的內容，增加相關人士或
專家的評論；或是在新聞稿裡，於結尾處加入企業內部相
關人士的說法。引文雖然不是新聞稿的核心內容，但通常
包含了企業追求的方向、價值或未來計畫等訊息。

　　以下範例，是在寫作產品降價的新聞稿時，於結尾處
置放的引文。

　　BASIC HOUSE 的相關人士表示：「隨著企業轉型

為網路品牌，商品流通上的費用會減少，很高興能降回九年前的價格再與消費者見面。」、「提高品質、降低價格，我們計畫透過這樣的CP值戰略，在網路的基本單品市場上，迅速確保競爭力。」

5. 提問與反轉

提問和反轉是應用文寫作不常用的收尾。這種寫法，在於透過提問或製造轉折，引導讀者進行判斷與反思，較難立即見效。主要用於專欄或散文隨筆，藉此傳達訊息。

以下是一篇新聞報導的結尾，該報導介紹了在世界各地進行的週休三日實驗。文中介紹了幾個已經開始實施「每週工作四天」的國家，並反問讀者這樣的制度，有沒有可能成為未來的新工作型態。

透過這項實驗，將研究勞動者如何度過追加的休息日，以及增加的休息日能否減輕壓力，提高勞動者對工作的滿意度。「每週工作四天」的實驗，能夠在減少工作時間的同時，維持一定的生產力嗎？在疫情時代，這種制度會不會成為新的工作型態？

文章有說服力的祕訣

考慮文章架構，根據傳達的訊息採取不同的展開方式，都是為了有效說服讀者。應用文的首要目的，是讓讀者願意閱讀；當讀者進入文章後，第二個目標就是讓他們不要讀到一半中斷。假如讀者一直留到最後，被說服的可能性就大增。因此，我們應該仔細思索如何吸引讀者把文章看完。

讀者非常忙碌，而且很難集中注意力直到文末。為了持續引發讀者的興趣，我們需要採取更細心、積極的方式。寫作時，必須讓讀者一邊讀、一邊贊同；要消除讀者的不信任，透過文字獲得好感。如此一來，當我們在接近尾聲時提出請求，讀者通常就會做出我們預期的行動。

1. 製造共鳴

共鳴是動搖讀者最強而有力的手段。假如某人和我有相同的想法或共通點，我就會產生親切的感覺。人類很容易形成情感連結，例如共同知道某間美食名店，這種微小的事就能把人連繫在一起。情感連結會延伸為信任，相信至少對方不會欺騙我。

行銷企劃的寫作思維

　　與讀者形成共鳴的方法，就是理解對方的煩惱。寫作時，先談談讀者遇到的困境以及想解決的問題，如此一來，對方就會放下對我的防衛，繼續把文章讀完。

> 睡不著時，你會怎麼做呢？或許你已經嘗試過許多方法，努力解決失眠問題，例如聽些安靜的音樂，或是攝取有助於睡眠的飲食。可惜的是，再怎麼想方設法，失眠症都很難獲得緩解。
>
> 患有失眠症的人，通常承受著很大的壓力。雖然身體已重如千斤，但躺在床上時，就是怎麼樣也睡不著，整夜翻來覆去。於是，第二天疲勞感變得更加嚴重，身體也愈來愈難受。
>
> 此外，如果你患有慢性失眠，睡覺時可能會反覆醒來，導致每天的睡眠時間只有2～3小時。面對這種情況，人們有時會選擇服用安眠藥，但這些藥物會帶來憂鬱等副作用，且進一步降低生活品質。

2. 提出疑問

　　人一旦接收到提問，就會想找到答案，因此，提問是讓讀者投入的好方法。當人們產生疑問時，就會專注在問題本身，直到找出答案為止。好奇心基本上屬於一種不穩

定的狀態，人們會本能地想讓狀態恢復穩定，而且找到問題的答案，還會產生滿足感與成就感。向讀者提問吧！對方將會為了解開疑惑，進而被我的文章吸引。

> ─「星巴克商圈」、「綠色商圈」、「夢想圈」……
> 　最近流行的○商圈，你知道幾個呢？
> ─ 你還在為中小企業的行銷煩惱嗎？
> ─ 吃得清淡，真的就會比較健康嗎？

3. 斷然呼籲

文章一定要寫得果斷且明確，如此才能獲得讀者的信任。世上充滿了各種資訊，我們有太多事需要下決定。假如某個值得信賴的人，給出了明確的指示，那麼人們的內心通常傾向跟著對方的話走。如果你能充滿自信地說服讀者，並透過事實與根據取得信任，他們很容易就會假裝自己贏不了，接受你的主張與想法。

呼籲的方式在銷售商品時很容易被接受。比起強調「這個還不錯」，果斷地告訴消費者「現在馬上購買吧」，收到的成效會更明顯。只要看一下電視購物就可以發現，推銷專家通常每小時的銷售額就高達幾億韓元。主持人會在節目中大聲呼籲：如果現在不買下去，以後一定會後

悔；錯過這次機會，就真的太不聰明了。接著施以壓迫：
其他人都已經下單，你還在猶豫什麼呢？讓消費者漸漸感
到著急，然後對賣家想傳達的訊息加倍投入。

　— 聰明的媽媽會選擇○○試題本
　— 即將完售！別再煩惱該送什麼禮物了
　— 活動即將結束，請把握機會！
　— 只要跟著運動1個月，一定能成功減重

　　還有一種呼籲採用否定的方式，最具代表性的例子為
「床不是家具」。否定那些人們認為理所當然的事，這種做
法本身就相當吸睛。此外，還會讓人好奇「對方到底想說
什麼」。美國的電動車品牌Lucid Air，就曾經表示：「我
們的競爭對手不是特斯拉。」被認為是特斯拉競爭對手的
Lucid Air，顛覆了大眾的認知：「我們的競爭對手是賓士
S-Class。」否定理所當然的事實，引起對方的好奇心，接
著再提出更高的目標。透過這種否定性呼籲，Lucid Air將
自家品牌定位得和特斯拉同等或更高。

4. 舉例說明

　　寫作時舉例有二種效果：一是讓困難的內容變得簡單易懂，二是讓沉悶的內容變得有趣。前文曾說過不要一味地主張，應該儘可能提出事實，而事實就是舉例。假如文中有具體的事例、經驗談或證詞等，就會更容易說服讀者。挑選商品時，如果看到真實性高的評論，我們很快就會下定決心購買。文章也是一樣，假如內文有生動的例子，讀者就會較容易接受作者的觀點。

〈主張〉

MZ世代在健康管理方面，積極地利用APP等數位手段。

〈舉例〉

　─ 提供即時線上馬拉松、客製化慢跑計畫等服務的「Runday」APP，使用者當中有77%為MZ世代。

　─「Routinery」是一款促進使用者遵守運動、水分攝取等健康守則的APP，上架僅1年，全球下載量就突破80萬次，其中MZ世代占了83%。

　─ 韓華生命保險為了搶占MZ世代的客群，與「Challengers」APP合作，舉辦睡眠管理、精神

管理等任務的「Life Game」。該活動獎金高達1
億韓元，MZ世代的參加者約有26,400多名。

　　舉例必須與主張一致，但出乎意料的是，有很多人
會忽略這一點。與文章論點不合的例子，反而會降低說服
力。假如實在很難找到符合的事例，不妨檢查一下論點本
身是否有問題。

　　此外，例子應該要生動且有趣。舉例的目的，是為了
將困難或沉悶的主題講得簡單易懂，因此，寫作時要盡量
尋找有趣、容易理解的事例。根據文體不同，有時文章的
品質，會取決於作者能舉出多麼新穎、合適的例子。例如
製作銷售趨勢報告時，舉的例子有多新、是否與主張的方
向一致，都會對文章的說服力產生關鍵影響。

5. 活用框架

　　針對同一現象，若認知框架不同，決策也會有所差
異。例如向某人提出請託時，如果問對方「可不可以幫我
做A」，對方就會開始考慮「要做」還是「不要做」。但
是，如果提問改成「可以在〇月〇日前幫我完成A嗎」，
對方就會把焦點放在時間上，開始在腦海裡估算「〇月〇
日前」做不做得完。亦即，把「做」或「不做」的框架，

轉變成「延期」還是「不延期」。

　　「框架」（Framing）是廣泛使用的行銷手法。「60 Chicken」曾在廣告中宣稱：「每天只用新鮮的油炸60隻雞。」據說一般炸雞店都會在炸50～70隻雞後才換油，也就是油徹底變黑，無法再使用的程度。「60 Chicken」將業界的慣例拿來做為行銷點，把品牌定位成「只使用新鮮油品的炸雞店」，更成功將現有的炸雞店歸類為「不新鮮的炸雞」，而「60 Chicken」則是新鮮的炸雞。

　　在商品的銷售頁面上列出多種選項，也是「框架」的技巧之一。不刻意說服消費者購買產品，而是展示出各種選項，如此一來，消費者就會從考慮「要不要買」，轉為思考「買什麼」。這種方法也常見於餐廳的菜單，有時我們會看到某些餐點特別貴，忍不住好奇「誰會點這麼貴的菜」。假如餐廳的主力商品是一萬韓元，那麼比起「一萬韓元／八千韓元／六千韓元」的菜單設計，「一萬二千元／一萬韓元／八千韓元」的組成會更有效。許多餐廳設下昂貴的餐點，都是為了銷售次一階的品項。

　　政治是運用「框架」最有效、也最具破壞性的領域。2016年，在英國的脫歐公投中，支持者提出「奪回控制權」（Take BACK Control）的口號。在此之前，關於脫歐利弊的討論，重點都集中於留在歐盟的好處，以及離開歐

盟時需要承擔的費用。然而，隨著「奪回控制權」這一口號的出現，戰場逐漸轉向「英國能否重新取得（加入歐盟前的）領導地位」。這句口號刺激到英國民眾的失落感，最終導致英國脫歐。同年，「讓美國再次偉大」（Make America Great Again）的口號，團結了美國低學歷的男性白人，也順利將川普推上總統之位。

- 不要寫「脂肪含量10%」，應該寫「蛋白質含量90%」
- 不要寫「死亡率20%」，應該寫「存活率80%」
- 用「折扣1萬韓元」，取代「折扣5%」
- 不要寫「一個月贊助5,000韓元」，應該寫「一杯咖啡的錢，是非洲兒童一個月的餐費」

6. 寫出具體的數字

　　說服需要同時動用理性與感性。如果共鳴、呼籲等訴諸感性，那麼數字就是用理性進行說服。完全依情緒做決定的話，人們通常會陷入焦慮，希望找到合理的根據，而數字的作用，就是證明文章的論點立基於理性之上。假如論點有準確且具體的數字，就可以讓讀者放心地做決定。此外，列出數字還有一項好處：無論是什麼樣的內容，文

字與文字之間如果有數字，本身就會較顯眼且引人注目。
因此，標記數字時不要寫「五種」，應盡量用「5種」來呈
現。

— 這次的地方選舉，一共用了128,000千多條橫
　幅。如果把這些橫幅全部連在一起，長度將達
　到1,281公里，重量也高達192噸。
— 只要60天，寫作能力大幅提升的23種祕訣。
— 在研究開發上共花費8,967小時，布料測試共63
　次，版型測試共45次。
— 品牌搜尋量一個月90萬次，真實評論56萬則，
　平均滿意度9.7分。
— 保證30分鐘內送達！

第四章

給行銷人員的
實戰用寫作法

마케터를
위한 실전
글쓰기

1

新聞稿寫作

보도자료 쓰기

亞馬遜：從寫新聞稿開始

亞馬遜會在開發產品或服務前，先把新聞稿寫好，也就是從企劃階段就開始下筆。一般企業通常是在推出商品或服務後才寫新聞稿，而亞馬遜的順序正好相反。這種調換順序的方式，被稱為「逆向工作法」（Working Backward）。亞馬遜撰寫的新聞稿，包含了簡潔有力的標題、新服務的內容、顧客享有的優惠、使用者好奇的部分、新產品的開發宗旨等。撰寫新聞稿時，可以從使用者的立場進行客觀的判斷，讓產品的最終目標變得更加明確，並推測出哪些功能不可或缺，哪些部分對顧客更有吸引力。經歷這樣的過程後，亞馬遜會將完成的新聞稿當作標準，以此來開發產品或服務。

亞馬遜之所以先寫新聞稿，原因就在於能夠從顧客的立場做考量。新聞稿是產品與大眾接觸的第一道關卡，在上市之前，必須先通過記者這一關。媒體很清楚大眾重視什麼，如果新聞稿能讓媒體感興趣，第一關就算是通過。在寫新聞稿的過程中，為了滿足媒體需求，要強調哪些重點、關注或放棄哪些內容，都會變得非常明確。如果通過第一道「記者關卡」，就等於證明產品或服務具有基本的競爭力，很有機會被大眾認可。

如果在企業中擔任宣傳或行銷，就應該對撰寫新聞稿駕輕就熟。新聞稿集結了品牌想向大眾傳遞的訊息，從核心文案、需要強調的部分等，可以把重要內容清楚地整理在一張紙上。不妨試著養成習慣，在研發新產品或服務之前，就先把新聞稿寫好。

若將新聞稿當作宣傳文案的基本框架，工作時會更加輕鬆。可以根據部落格、SNS、產品銷售業面等不同平台，將新聞稿的重點及語氣稍作修改後使用，這樣管理起來也會更方便。

此外，這麼做還有一個好處，就是品牌經營的所有管道，都能傳達出一致的訊息。身為行銷，新聞稿是必須親近的存在。

掌握住「山」

記者們經常把這句話掛在嘴邊：要掌握住「山」。「山」是什麼意思呢？這是目前在媒體界尚未被改過來的日語用法。該詞彙傳到韓國後，語意逐漸變得模糊，很難用確切的韓文單字加以表現，只能從前後文推斷其義。

記者們所指的「山」，大致可以歸納出以下含意：事件或現象的核心內容，以及對此採取的觀點。在這裡，所

謂的「觀點」很重要。報導應該呈現原始事件的重要內容，而「山」則進一步強調採取什麼樣的「觀點」看待事件。根據寫作觀點的不同，報導內容也會產生極大的差異。

假設今天發生了狗咬人事件，類似的意外不是第一次，所以不能算是新聞。但是，看到該事件的記者Ａ，採取以下的觀點進行報導：「未戴防咬嘴套的大型犬，嚴重咬傷路過的行人」，如此一來，該事件就成為了新聞。「大型犬防咬嘴套義務化」的爭論，也可能再度浮上檯面。假如採取此觀點撰寫報導，最需要為該事件負責的人，就是沒有給大型犬戴防咬嘴套的飼主。

而另一位記者Ｂ，則採取這樣的觀點：「大型犬嚴重咬傷路人，接到報案的警察晚了三十分鐘才出動」。那麼，該為事件負最大責任的人，就是接獲報案卻延遲出動的警察，這也會成為報導的焦點。**所謂的「山」，就是針對同一現象，決定採取什麼樣的觀點來描述，以及如何製造出新聞話題。**

行銷人員也是一樣，寫新聞稿時，要從記者的角度撰寫。記者之所以考慮「山」，就是希望寫出點閱率更高、更吸引人的報導。既然如此，我們在下筆時，也應該抓住足以讓記者感興趣的「觀點」。

「2021年，公司將主力商品Ｔ恤3件組的價格，從

19,900韓元調降至14,900韓元。」用這種內容寫新聞稿，實在非常尷尬。世上有多少令人耳目一新的打折優惠，沒有人會想看「T恤調降5,000韓元」這種報導。但是，翻看一下過去的數據，發現2012年時，同款T恤也是以14,900韓元出售，有新的觀點可以掌握。修改後的新聞稿的題目，變成：「暢銷T恤3件組，保持9年前的價格」，雖然市面上的折扣活動非常多，但很少有商品會回到9年前的價格。假如能從這種觀點切入，就足以成為新聞。寫新聞稿時，必須把自己想像成記者，抓住特別的「梗」。

為了讓新聞稿有「梗」，有時必須把趣味擺在重要性前面，因為寫作的首要目的就是新聞化。與社會現象或熱門議題有關的關鍵詞，比較有可能被記者報導，因為點擊率通常很高。

2021年11月，《魷魚遊戲》人氣鼎盛，韓國連鎖便利商店CU便以「《魷魚遊戲》熱潮居高不下，CU於馬來西亞迅速擴展」為題，發出新聞稿。拓展幾十間店面，絕對不是一、二天就可以決定，背後或許還有比《魷魚遊戲》熱潮更重要的因素。不過，《魷魚遊戲》還是被寫在標題上，目的就是希望新聞稿能被記者採納進行報導。如果只強調對我而言重要的部分，新聞價值可能會下降。寫作時，試著站在記者的立場上抓「梗」吧。

用倒金字塔的方式建立架構

　　新聞稿的寫作基本原則和應用文相同，必須假設記者完全沒有概念，針對專業用語，可以詳細解釋或附加說明。長度盡量不要超過一頁，且句子也要儘可能縮短。記者們喜歡短小精悍的文章，寫作時，應該讓記者在轉換為報導時不必花太多時間。在新聞稿中，照片也是很好的資料，如果有可以支持內容的圖片，不妨附加2～3張進去。

　　新聞稿的標題就是生命，標題必須是內容重點的濃縮，同時也要能勾起記者的興趣，不妨盡量寫得聳動一些。記者的信箱每天會有超過100封郵件，新聞稿的標題，必須能讓他們在3秒內注意到。以「新聞稿」三個字當作標題，是再愚蠢不過的做法。應該把自訂的標題放在中間，然後「新聞稿」放在左上角以小字呈現。透過電子郵件發布新聞稿時也一樣，如果在電子郵件主旨欄寫「○○企業的新聞稿」，被點開的機率幾乎是零。電子郵件的主旨，應該要和新聞稿的標題一致。

　　副標題可有可無，但訂出副標題的話，能夠幫助對方快速掌握內容。副標題是針對新聞稿的整體內容，挑出約2～4行的重要訊息，或者想強調的部分。如此一來，記者就算沒有閱讀正文，也大致可以掌握新聞稿的主要內容。

　　正文的內容應該按重要度來排序，也就是所謂的「倒金字塔」寫法。把讀者必須知道的內容放在前面，第一段稱為「開頭」（Lead），亦即濃縮出整篇新聞稿的精華。接著，在「主體」（Body）中，則是按照重要度排序，對開頭的內容逐一進行說明。例如在開頭寫「新產品上市」，那麼主體就是進一步說明新產品的規格、定價、功能等。接下來，則再寫一些對方需要了解的細部內容，例如推出新產品的背景、上市紀念活動的相關資訊等。最後，結尾可以加入引文，像是相關人士發表的決心、感想或未來計畫等。假如還有需要補充的資訊，可以另外放在新聞稿的下端，例如網站地址、公司介紹、記者好奇的Q&A等。

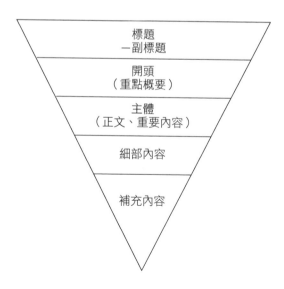

（標題）

Basic House，暢銷T恤3件組，保持9年前的價格

（副標題）

— 每2人之中，就有1人擁有國民T恤3件組。品質提升，價格回到9年前

— 定價下調25%，3件14,900韓元，相當於1件5,000韓元

— 從實體店面轉型為網路品牌，節省流通成本，商品果斷降價

（開頭）

2021年2月3日，TBH Global旗下的韓國休閒服飾品牌Basic House，以9年前的價格銷售人氣商品「純棉圓領短袖T恤3件組」。

（主體）

「T恤3件組」累計銷售850萬套，單件銷量高達2,550萬件，是品牌的熱銷產品。Basic House在2020年轉型為網路品牌後，減少了實體店面的流通成本，於是將原本定價19,900韓元的「T恤3件組」，大幅調降為14,900韓元，降價幅度高達25%。

雖然價格調降，但品質卻向上提升。Basic House以累積的銷售數據為基礎，反覆進行改版，以求帶給消費者最舒適的剪裁與觸感，是一款集結了專業知識、技術、裁縫技法與布料篩選能力的產品。

Basic House的T恤採用100%優質純棉製成，擁有卓越的吸水性和透氣性，即使頻繁洗滌也不易褪色，極少產生縫線縮水、扭曲等變形的狀況。此外，新品頸部的商標將改以燙印取代，避免造成肌膚的不適；從領口到肩線的部分亦進行包邊處理，可有效防止衣物受到拉扯，維持簡潔俐落的版型。

（細部內容）
Basic House計畫以「T恤3件組」為起始，積極展開一系列行銷活動，在網路上以合理的價格推出優質產品。接下來將以MZ世代為目標，推出比現有T恤更寬鬆、厚實的「HEAVYWEIGHT T恤3件組」，以及採用美洲頂級長纖棉「SUPIMA COTTON」的T恤2件組。

（引用）
BASIC HOUSE的相關人士表示：「隨著企業轉型為網路品牌，商品流通的費用會減少，很高興能降回9年前的價格再與消費者見面。」、「提高品質、降低價格，我們計畫透過這樣的CP值戰略，在網路的基本單品市場上，迅速確保競爭力。」

（補充內容）
網站：https://tbhshop.co.kr/basichouse

　　如果新聞稿可以與社會現象或趨勢結合，將會有被擴大報導的可能。2020年9月，BASIC HOUSE推出與辣火雞麵聯名的發熱衣，並以此發布新聞稿。當時韓國正流行時尚與食品結合，於是該篇新聞稿被納入相關的趨勢專題，與真露 & Covernat、每日乳業 & BORN CHAMPS 等例子，一起被寫成報導。

　　有時記者會在多篇新聞稿中捕捉趨勢，將其寫進同一篇報導裡。別懷疑，你也可以用同樣的方式撰寫新聞稿，例如不只談論自己的公司，還提及產業動態和趨勢等。如此一來，這篇新聞稿就不單只是行銷，而是一篇涉及社會趨勢的企畫專題，不僅更有可能吸引到記者與大眾，話題性也會隨之暴漲。

2

廣告與銷售的寫作

광고와 판매를 위한 글쓰기

網路銷售的時代，寫作變得更重要的原因

2021年，韓國年度線上購物交易額達到193兆韓元，創下歷史新高[14]。如今，無論想做什麼生意，都必須考慮在網路上銷售。消費者幾乎所有東西都會在網路下單，即使到店面購買，也會先在網路上查找資訊、比較價格。經營實體通路時，顧客可以直接觸摸到產品，有時還可以試用後再購買；經營網路商店的話，所有資訊都必須透過圖像和文字來解釋，與客戶的溝通全是靠寫作來完成。換句話說，從吸引顧客到完成交易，都與寫作息息相關，這就是為什麼在網購市場上，寫作變得更加重要。

網路銷售的過程，大致分為「曝光－吸引－說服－購買」4個階段。曝光指的是消費者首次透過廣告或搜尋發現產品；如果商品特點非常誘人，消費者就會點擊產品頁面、部落格或官方網站，進一步尋找相關資訊——這個階段，就稱之為吸引。為了讓消費者能充分了解產品並做出決定，賣家必須提前將資訊寫得完整。假如商品頁面詳盡且值得信賴，就有機會說服消費者購買。在按下購物車、完成付款後，網路行銷的初階流程才算完成。

為了銷售而下筆，是目的性最明確的一種寫作。與其他難以推估成效的寫作不同，因為一開始就是以銷售為目

標，所以達成與否也顯而易見。經過激烈的研究與開發，有效的寫作方式幾乎已經定型，而且美國從數十年前開始，就普遍地透過直郵廣告（Direct Mail，簡稱DM）進行銷售。

直郵廣告，是以長文為基礎而銷售的寫作方法論，通常也遵循直郵廣告的寫作模式。「解決問題」（Problem–Solution）就是最具代表性的例子：提出問題，然後介紹某種商品做為解決方案。若進一步細分，可拆解為「提出問題－介紹解決方案－佐證和承諾－價格與優惠－請求行動」。這種模式，是經過長期使用與驗證發展出來的有效方法。從曝光、吸引、說服到購買，可以配合消費者的購物流程，套用上述的寫作模式。只要按照架構，把預想的內容用一行簡略地記下，之後再逐步擴充，就可以完成一篇銷售文。

提出問題：夏天因為汗味很苦惱吧？

介紹解決方案：DAJABA噴霧可以解決汗臭問題

佐證和承諾：通過皮膚敏感性測試，有效防止汗臭

味達12小時

價格與優惠：購買2瓶時加贈1瓶，限量100組

請求行動：現在立刻下單吧！

定好具體目標，爭取獲得選擇的機會

「曝光」是顧客與賣家見面的第一瞬間，廣告與搜尋結果就是代表性的例子。不管商品多有魅力，在曝光的瞬間得不到顧客青睞，一切就等同於白費。顧客的選擇只在剎那間完成，倘若無法在這極短的時間內吸引對方，就幾乎不可能再有機會。曝光時使用的標題或廣告文案，最大的作用就是受到顧客的認同，然後進一步閱讀正文。

如果想在初次見面時就成功讓消費者上鉤，首先必須選定好目標，且愈具體愈好。例如「因汗臭味而害怕搭乘大眾運輸的三十多歲男性」，從目標客群的立場出發，把對方的問題和需求具體化。明確點出消費者的煩惱、特徵、情況與輪廓，讓他們感受到該產品與自己有關。

因為汗臭味，而害怕搭乘大眾運輸嗎？

30多歲的朴科長，如何成功擺脫汗臭味，自信地搭上擁擠的公車？

不要害怕具體抓出目標，人的煩惱大同小異，或許困擾的程度不同，但大部分的成年男性，夏天都會擔心自己身上的汗味。苦惱愈迫切，就愈會對廣告訊息做出反應。

因此，與其採用籠統的表達，在100個人閱讀後，只有1個人產生反應，不如向30個人傳達一針見血的訊息，然後收到3個人的回應。此外，也可以制定出多個具體目標，針對不同的客群撰寫文案。網路行銷的優點，就是不必花很多錢，便能向各個目標傳達量身訂製的訊息。

喚起問題與經驗

夏天因為汗味很苦惱吧？

看到廣告訊息後，顧客被引導進入部落格或商品詳細頁面。這時，應該將濃縮成一行的概要，進行具體的說明和解釋。先把顧客的煩惱再提一遍，讓人想起夏季難聞的汗味，以及因此所帶來的困擾。如果再加上氣象廳的預報，提醒顧客今夏將是酷暑，效果會更加顯著。

據氣象廳預報，今年夏天的炎熱程度，將僅次於2018年。接近35℃的酷暑，每天都會流很多汗，尤其是經常在戶外活動，或是搭乘大眾運輸通勤的上班族，肯定對此擔憂不已。因為出汗又乾掉之後，連衣服也會散發酸臭的味道，不僅可能引來周

圍人的負面觀感，嚴重時也會對社會生活造成不便。

承諾提供解決方案

1. 介紹解決方案

DAJABA噴霧，可以有效為您解決汗味問題。

直接對問題提出解決方案，並說明產品如何解決顧客的困擾。這時，需要提出充分的數據或事實，而不是無條件地推銷產品。應該一一列舉根據，爭取消費者的信任。

DAJABA噴霧中含有薄荷醇成分，在噴灑的瞬間，能有效降低肌膚表面溫度，大大減少出汗。此外，蘆薈成分及蜂膠萃取物，也具有抑制汗味的作用。不是用香氣掩蓋異味，而是從根本上消除因汗水乾掉所散發出的酸臭，最後再留下清新的葡萄柚香，給人一種清爽的感受。使用方法非常簡單，每天一次，沐浴後均勻地噴灑在身上即可。

2. 佐證和承諾

通過皮膚敏感性測試，有效防止汗臭味達12小時。

在這一階段，應提出具體的根據做為佐證，如政府授權機構的檢驗報告、研究單位的論文等，給予消費者信賴感。

DAJABA 噴霧通過食品藥品安全部進行的皮膚敏感性測試，敏感肌膚也可以安心使用。此外，經產品實測，原本37℃的皮膚表面溫度，在使用噴霧後，立即下降至28℃。

比公家機關檢驗結果或實測效果更具說服力的，就是實際使用案例。假如能一併提出消費者使用後的真實評論，就能讓人產生更強烈的信任。

實際使用過DAJABA噴霧的37歲○○○消費者，證實噴霧抑制汗味的效果長達12小時。「我本來汗味很濃，每次下班回到家，太太都緊皺著眉頭，要我趕快去洗澡。但自從使用DAJABA噴霧後，就沒有再出現過這種情況，太太甚至還說我身上的味

道很好聞。現在下班回到家，經常會在玄關就和太
太擁抱。」

承諾與佐證有些不同，佐證是客觀地提出第三方的正
式資料或事例，而承諾則是賣家給出的保證。例如不滿意
時100%退款、舉證資料造假時，給予10倍補償等。賣家
的承諾，展現出對自家產品的信心，同時也是顧客品質信
賴的基礎。

使用DAJABA噴霧後，如果汗味仍未消除，我們
承諾100%退款。

3. 價格與優惠

<u>購買2瓶時加贈1瓶，限量100組。</u>

價格與優惠，能夠提高顧客的購買意願。一直到佐證
和承諾階段，消費者對於要不要下單購買，都還處於保留
狀態。此時，如果提出價格與優惠，他們就會認真地考慮
是否購買。在這個階段，消費者會再次想起閱讀文章的最
初目的，即使原本沒有購買意願，也會因為看到折扣而心
動。

DAJABA噴霧近期訂單量劇增，目前我們正努力進行第18期回購的生產。為感謝顧客長時間等待，接下來將舉行特別的回饋活動。自8月1日起下單的顧客，購買2瓶時額外贈送1瓶（2＋1），限量100份。

要求採取行動

現在立刻下單吧！

在銷售文中，請求行動非常重要。很多人會覺得寫出來太過直接，於是辛苦地寫完文章，卻沒有要求消費者行動。或者認為「講到這種程度，對方應該聽得懂」，於是忽略最重要的部分。人們傾向於延遲決定，如果賣家不提出請求，顧客即使有購買意願，也很可能一延再延。反之，若在文末提出強烈的邀請，就算顧客購買的決心不夠堅定，付諸行動的機率也會變高。若能適當利用即將售罄、訂單暴增等呼籲法，讓顧客感到焦急，效果會更加顯著。

本期結單後，今年將不會追加生產，錯過再等明年。現在馬上訂購吧！

3

部落格與社群媒體寫作

블로그와 SNS 글쓰기

不花錢的廣告方式

許多企業和品牌為了行銷，都會選擇經營部落格與SNS，目的就是不花錢地打廣告。部落格和SNS如果經營得好，成效可能會比花錢投放廣告來得更佳。因此，如果負責的是網路行銷，業務內容通常也會包含部落格與SNS管理。

有不少行銷人員，都會對部落格及SNS的寫作感到負擔。首先，因為必須定期發文，光是數量就讓人感到壓力。此外，只要透過點讚數和留言，就能馬上確認讀者的反應，所以在發文的品質上需格外用心。「堅持不間斷」與「品質好的貼文」兩要素，使部落格及SNS的寫作變得加倍困難。

為什麼要在部落格及SNS上不斷上傳優質貼文呢？經營社群網站的目的，是為了宣傳公司的產品和服務，所以有時我們會感到困惑：「這樣的話，不是張貼廣告就好了嗎？」若想經營好社群網站，就必須了解它們的屬性，否則將會漫無目標地發布一些沒意義的貼文。以行銷為目的的部落格或SNS，最大的屬性就是「媒體」，亦即，部落格和SNS的本質，就是經營好自己創立的媒體，然後在上面做廣告。

　　若以報紙來比喻，就會變得較容易理解。報紙主要用來傳遞資訊，但是在政治、經濟或社會方面，也會有特定的偏向或主張。不過，這種觀點偏頗的文章占比極小，大部分的版面仍集中在民眾好奇的資訊。因為若想確保更多讀者，表面上看起來還是要平衡地傳遞各種聲音，藉此保有公正性與客觀性。總括來說，報紙是將個人主張最小化，集中為讀者準備的內容。

　　此外，報紙是天天發行，每天可以傳達非常多訊息，由此證明媒體的實力。透過定期傳遞消費者想要的資訊，確保大眾的信任。報紙之所以成為媒體，我們可以歸納出二大要素：一是傳遞訊息，二是定期發布。

　　部落格和SNS須具備的要素，也與報紙相同：①**定期傳達** ②**讀者想要的新資訊**。唯有如此，才能確保大眾的信賴，並且持續獲得關注。當讀者對我們傳達的訊息抱有期待，媒體才有存在的價值；若沒有讀者，在平台上發布廣告或介紹產品，也收不到任何成效。唯有讀者對我們經營的平台信賴十足，廣告才能發揮效力，而且以忠實讀者為目標發布廣告，效果會更加驚人。因此，面對部落格和SNS，最首要的步驟就是仿效媒體一樣經營。

部落格寫作

　　部落客是人們取得情報時，最信賴的媒體之一。大多數人都不會把部落格視為廣告，因此，經營時應該把重點放在傳達訊息。就算不是自家公司的產品或服務，也要整理好一系列相關資訊，讓讀者在搜尋時能夠輕易找到。例如有關雙眼皮手術的資料，就要提供按眼睛形狀區分的雙眼皮手術種類、各種手術的優缺點、術前準備事項、術後恢復時間、副作用等資訊。

　　如果在部落格上一目了然地提供消費者想要的情報，他們進入銷售頁面或網站的可能性就會增大。經過上述流程、自然而然朝我們靠近的消費者，抗拒程度會比透過廣告誘導來得低，也較可能接受接下來的銷售資訊。經營部落格，就是為了取得這樣的效果。

1. 可持續上傳的優質內容

　　像媒體一樣經營部落格，最重要的就是上傳優質內容。為了定期提供資訊，準備內容時需要制定長期的計畫。努力上傳一個月，但接下來的三個月發文量愈來愈少，做為媒體的信賴度就會下降。即使每次間隔一週，也要讓人留下定期提供新資訊的印象。

為了持續上傳新資訊，發文內容最好是與專業性有關的領域。例如以食品為主題，可以擴及烹飪方法或健康、食品的保管方式、挑選食材的訣竅等；假如以服飾為主題，可以擴及衣物管理法、洗滌方式、如何整理衣櫃、顏色搭配、最近的時尚趨勢等。對於不斷上傳專業知識的部落格，讀者會逐漸產生好感與信任。

傳達資訊時，須注意不要勉強將產品與主題聯繫，進行不合理的廣告。基本上，搜尋並閱讀部落格的讀者，都是希望獲取自己感興趣的情報。提供充實的資訊，藉此獲得消費者信任，就是經營部落格的初衷。如果打算進行廣告，可另外製作單獨的文章上傳；傳達資訊的文章，必須忠於原本的目的。如果在傳達資訊的文章裡，表露出明顯的推銷意圖，讀者就會認定這是廣告，毫不猶豫地離開網站。

2. 適當的長度

在一般的網路環境下，讀者更偏好簡短的文章，但部落格有些不同，首要目的在於忠實地傳達資訊。就算文章較長，讀者也會為了獲取詳細情報而點進部落格。如果文章寫得過短，看起來可能會缺乏誠意，因此，放在部落格上的文章，應盡量維持適當的長度，如此部落格的專業性

將更容易被認可。

文章適當的長度，大約是滑鼠滾動10次以內可以看完；按時間計算的話，大概是3～5分鐘之間；從字數來看，除去空白，文長約在2,500字以內；若字體大小以十級為基準，長度應不超過一張半的A4紙。想把資訊傳達詳細，文章很容易愈寫愈長，在無法縮減的情況下，不妨採用連載形式，把文章分成之一、之二、之三。假如在文末添加部落格系列文章的連結，讀者停留的時間還會變長，因此，與其在一篇文章裡塞入過多內容，不如以適當的長度分成好幾篇。

3. 合適的圖片

根據入口網站的基準，包含2～3張圖片的部落格文章，會被判斷為優質內容。就算不為了提高曝光率，在撰寫部落格時，適當地運用圖像，將有助於傳達訊息。部落格的文章，在網路環境裡屬於長文，如果內容只是一大堆的文字，讀者很容易感到疲勞。適時地添加易於理解的圖像，將能幫助讀者更加專注。

話雖如此，圖片的使用也要避免過度。最近部落格的寫作趨勢，偏向大量地使用圖像，每寫一行字就插入一張照片，有時一篇文章的圖片甚至高達數十張。內容大小擴

增，或許有利於檢索，但從傳達資訊的角度來看，很難達到預期的效果。因為文章斷斷續續，會讓可讀性瞬間下降。

　　一張好的照片，可以達到十行文字的效果。即使將食物的味道描述得再詳細，也很難取代烤盤上焦黃酥脆的五花肉照片。假如對寫作缺乏自信，照片就是值得活用的手段，那些難以用文字描繪的微妙細節，可以改用照片來代替。適當的圖像不僅能提升文章魅力，還可以掩飾文字方面的缺點。

4. 提升能見度

　　在查找資訊時，許多人會使用特定的檢索詞，因此，部落格的標題應該包含人們經常使用的詞彙。例如在搜尋江南站附近的美食店時，多數人可能會輸入「江南站美食」之類的關鍵字。

　　但是，「江南站美食」是很多人使用的檢索詞，跳出來的搜尋結果也非常多。以手機為準，「江南站美食」月檢索量就超過19萬次。競爭如此激烈的關鍵字，無論如何安排在標題裡，都很難從搜尋結果裡脫穎而出。假如要寫的內容，是位於江南站的五花肉燒烤店，該店面空間寬敞、座位舒適，適合做為公司聚餐的地點，那麼在挑選關鍵字時，就可以考慮「江南站聚餐」或「江南站五花

肉」。以手機為準，兩者的月檢索量分別為2,000多次與7,800多次，競爭強度相對較低。

　　與撰寫銷售文案一樣，訂關鍵字時應盡量把目標範圍縮小。如果使用「江南站美食」這種大範圍的關鍵字，就算出現在100個人的檢索視窗裡，可能也只有一個人會真正點進去閱讀。相較之下，不如使用目標更明確的「江南站聚餐」、「江南站五花肉」做為關鍵字，雖然曝光的對象只有30人，但當中可能就有3人會點進去閱讀內文。確認關鍵字檢索量與競爭強度的方法很簡單，只要利用「NAVER廣告」頁面裡的「關鍵字工具」即可，輸入想查看的詞彙，頁面還會同時提供相關的檢索詞。可以從中確認各關鍵字的搜尋量、點擊率與競爭強度，進而挑出合適的詞語。

　　如果以此關鍵字訂定部落格標題，就是：「江南站適合聚餐的五花肉美食燒烤」、「江南站五花肉燒烤美食店，聚餐剛剛好！」在標題中使用的「江南站」、「五花肉」、「聚餐」、「美食店」等關鍵字，也要多次在內文中置入，藉此讓文章出現在搜尋結果的前幾名。就算無法排在第一頁，至少也要進入搜尋結果的前三頁。唯有如此，人們才有可能點擊、閱讀我寫的文章，並前往該美食店用餐，而我也能達成撰寫部落格的目的。

社群媒體寫作

社群網站和部落格是企業或品牌以行銷為目的經營的媒體，這一點二者相同。不過，各平台在屬性上有很多差異，例如部落格在入口網站NAVER的支持下，可以發揮強大的宣傳效果。只要能夠在入口網站上曝光，通常就能吸引許多讀者。不過，部落格也有其局限，那就是完全依賴網站的檢索。與文章品質無關，更切合檢索詞的內容，一般會出現在搜尋結果的頂端，這些文章也會受到較多讀者點擊。因此，近來比起內文品質，部落格行銷更注重於提升能見度。

SNS是以共享為目的而誕生的平台，如果我發布的內容受到大眾喜愛，就有可能被無限次地推薦和分享。以傳播力而言，社群網站比部落格更強，也有機會透過個人努力來增加讀者。如果部落格最大的目的在於傳達資訊，那麼SNS的首要目的，就是累積品牌好感度，與粉絲建立關係。按讚、分享和評論等功能，可用來維持雙方的互動。

另外，與需要一定長度的部落格文章相比，SNS更偏好短文形式，在寫作方面的負擔相對較少。SNS上的內容不一定要親自編寫，也可以分享他人的優質內容，與部落格比起來，或許更能事半功倍地獲得顯著的效果。不過，

經營SNS時，應思考如何贏得讀者的好感，並持續保持良好的關係，而不是單方面地傳遞訊息。

1. 資訊型內容

　　無論寫得多簡短，SNS仍然帶有媒體性質。品牌或企業可以向讀者提供的最佳內容，就是具有專業性的資訊，唯有傳達值得閱讀的內容，才能獲得讀者的好感。不過，傳達方式應該要比部落格來得更簡單和親切。讀者不會刻意去找貼文來閱讀，因此，編寫內容時要善加利用直覺的圖像或顯眼的標語，以便在隨時更新的動態上吸引關注。

　　在資訊型的內容中，SNS上最受歡迎的是「做～的方法」，亦即提供讀者訣竅或做法的貼文。寫得比部落格簡單，可直接套用於日常生活，或者能引起興趣的內容，通常都很受讀者歡迎。在傳達這種貼近生活的資訊時，還能間接曝光自家品牌的產品，凸顯企業的專業性，進而獲得粉絲的好感。

　　—如何擦掉沾在衣服上的咖啡汙漬

　　—壁掛式空調的清潔方法

　　—零失敗的冬季顏色搭配

　　在傳達訊息時，排名也是很好的方法。人們喜歡排序，名次本身就具有吸引力，而且還很容易被看到。就算只是微不足道的資訊，只要以排名的方式編寫，就會產生娛樂性，點讚和分享也會更加活躍。

最喜歡辛辣飲食的MBTI類型？

No.1 爽快的ENFP，挑戰辣中之辣

No.2 性格急躁的ESTP，辛辣食物最喜歡雞爪！

No.3 多汗的ISTP，用辛辣食物來緩解壓力

No.4 大腸敏感的INTP，吃辛辣食物時請避開海鮮

　　與產品相關的訊息，回應通常不如訣竅或情報。不過，如果能以好感為基礎，與粉絲形成信賴關係，那麼SNS的忠誠度會比部落格來得高，還可以輕鬆地在貼文中標記產品，直接將讀者導到購物商城等銷售頁面。

　　此外，對粉絲來說，在SNS上品牌和企業就像朋友一樣，傳達最新動向的內容，通常也能獲得反饋。例如舉辦活動的消息、新產品上市的準備過程等，透過這種新聞型的內容，可以獲得粉絲的關注和信賴。

2. 參與型內容

　　就像傳達資訊一樣，引導讀者的行動也非常重要，亦即點讚、分享或留言等。編寫參與型內容的目的，就是要誘導讀者行動，很多時候會搭配贈獎活動一起進行，例如留言回答問題、參與問卷調查、寫下期待或祝賀等，就能獲得廠商提供的贈品，或是以標記朋友帳號的方式，鼓勵粉絲把貼文分享出去。

　　留言寫下我的MBTI！
　　將抽出5位粉絲，贈送○○○T恤。

　　請為○○○的新產品取個合適的名字！
　　獲得最多點讚數的朋友，我們將送出○○○做為獎品。

　　請@標記你最想和哪位朋友一起看這部電影！
　　我們將透過抽籤的方式，送出兩張電影預售票。

按照貼文內容參與過活動的粉絲，將會與該品牌形成更親密的連結。未來如果還有其他活動，粉絲再次參與的可能性會增加，有助於達成經營SNS的最終目的：引導顧客購買商品。因此，在社群網站上，應盡量舉辦粉絲能參與的活動，持續提供他們行動的機會。

4

訂出3秒內吸引顧客的標題

3초 안에 고객을 사로잡는 제목 짓기

文案的生命在「標題」

讓我們想像一下讀者在網路上閱讀文章的過程：用智慧型手機打開網頁APP，輸入檢索詞，例如「寫作書籍推薦」。接下來，頁面會出現各種相關書籍，以及許多與寫作相關的部落格，最後則是與寫作書相關的影片或關鍵字等。

讀者會用拇指滑過畫面，瞬間判斷是否要點進去閱讀。看到標題寫著「推薦給害怕寫作的你」，讀者點進網頁，在看完開頭的三行文字後，按下「關閉」鍵，回到搜尋結果清單。接著，讀者會再次把畫面往下滑，思考自己要點進哪一個網站，不斷反覆相同的過程，直到發現自己喜歡的文章為止。

大多數人都是透過上述過程來挑選和閱讀文章，在數位環境裡，讀者決定要不要進入正文的關鍵，就在於文章的「標題」。除了「標題」之外，我們沒有其他方法向讀者展示文章的價值。換句話說，我們幾乎無法讓讀者跳過標題，直接就開始閱讀正文。

要不要點進某篇文章，讀者會在剎那之間做出判斷，短則1秒、長則3秒。如果不能在3秒內吸引讀者，基本上就不再有機會。與內容的優劣無關，只是因為標題缺乏魅

力，就可能永遠被某位讀者拋棄。在數位世界裡，文章的生命完全取決於「標題」。

標題必須如實反映正文的內容，同時讓讀者一看就覺得這篇文章有閱讀的價值。因此，標題除了濃縮出內文的重點，也要具備吸引讀者的要素，像是引起關注、好奇、需求或好感等，必須讓讀者懷著期待的心情，點擊進入內文。這就是為什麼在寫作實戰中，我們要動用各種手段來下標。

引人注目的標題應具備哪些條件？

1. 使用具有衝擊力的詞彙

這是記者常用的方法，例如「震驚」、「驚悚」或「獨家」等。但是，如果在標題中使用這些詞彙，正文卻內容貧乏，讀者會感到非常失望。這種安全型的標題，可以保證一定的點擊率。假如對內容有信心，不妨試試看類似的下標方式。

— 震驚！足壇超級進球王沙拿，傳將以957億韓元轉隊

— ○○○揭露電視劇PD的濫權惡行

— 全國首創！○○○酒店為顧客準備的○○○

2. 指定目標

　　將目標範圍縮小，然後指出特定客群。雖然這種做法無法吸引大量群眾，但屬於該範圍內的對象，就很可能對文章投以關注。這種下標方式，有利於找到更多對主題感興趣的讀者。

— IT上班族，如何有效率地撰寫報告
— 京畿道新婚夫妻，如何輕鬆獲得租屋貸款
— 家有小學生，媽媽該如何聰明挑選補習班

　　使用第二人稱，也是一種指定目標的方法。在標題中加上「你」這個字，文章就感覺不是寫給任意對象，而是專門為了「我」而寫，能夠增加讀者點開文章或郵件的機率。

— 致沒有意識到自己是世界公民的你
— 為難以入睡的你準備的音樂播放清單
— 你從沒學過如何當一個優秀的領導者

3. 拋出提問

提問能有效在短時間內吸引讀者。看到有趣的提問時，讀者會沉浸在主題裡；假如能從文中找到解答，還能獲得很高的滿足感。

— 為什麼我家不在凌晨配送的範圍？
— 不染頭髮，也能讓髮色保持烏黑亮麗嗎？
— 內容真的比平台重要嗎？

4. 公開方法與訣竅

「做～的方法」是很多人喜歡的標題形式，因為第一眼就讓人產生期待感，覺得內容對自己有幫助，還會刺激對資訊或知識的渴望。

— 與 MZ 世代共事的方法
— 9 個讓貼文瘋傳的寫作訣竅
— 如何用 100 萬韓元小資創業

如果再稍微浮誇一點，「方法和訣竅」可以改成「祕訣」、「祕密」、「探祕」等，這會比原本的用語更強烈。此外，因為這些詞彙具有衝擊性，也能吸引到原本對主題

不感興趣的讀者。

— 銷售員年薪高達1億（韓元）的<u>10大祕訣</u>
— KSLV-II發射成功，當中不為人知的<u>3個祕密</u>
— 看起來年輕10歲，<u>童顏背後的真相</u>

「方法和訣竅」如果反過來描述，就是「不失敗的方法」。每個人都會害怕損失，比起利益，人們對損害顯得更為敏感。假如以「不失敗的方法」做為標題，就能更積極地引導讀者進入正文。

— <u>零失敗</u>的面試技巧
— 記住這點就好！醬油蟹料理<u>不失敗的祕訣</u>
— <u>零失敗</u>的網路小說連載技巧

5. 使用數字

數字是強而有力的表達方式之一，且本身就十分引人注目。置於標題中時，請務必使用阿拉伯數字來表現。如果能把數據寫得明確，會給人一種更具體的印象。

— 保證<u>30天內減重3公斤</u>的瘦身操

— 3秒內吸引關注！操作社群媒體的7大法則

— 7,335人選擇的Python課程！立即申請可享10%
折扣

6. 刺激讀者的不安感與恐懼

亦即刺激人類心底普遍的不安、恐懼或不確定性。如
果感到害怕，積極付諸行動的可能性就會上升。損害或機
會成本損失，也可以視為一種廣義的恐懼訴求。

— 驚人的物價飛漲，在民生方面有對策嗎？

— 錯過的話後悔30年！為買房做準備的雙倍儲蓄

— 放任不管，毛孔會變得更粗大

7. 活用事例

人們會對他人的行為感到好奇，如果能舉出具體事
例，就能獲得高度的關注。這種下標方式，也能快速確保
文章取得讀者信賴。

— 被5間外商企業錄取的上班族，分享在外商任職
的真實與謊言

— 銷售量第一！鞋類網站提升銷售轉換率的UX獨
　家技巧

— 投資2,000萬，○○○7年賺了21億的祕訣

5

有「甲方」的寫作

'갑'이 있는 글쓰기

寫報告書

報告書和自傳是有具體讀者的商務型寫作，而且寫作者是被選擇的一方，閱讀文章的人，有權決定批准或錄用。換句話說，讀者是「甲方」，寫作者是「乙方」，因此下筆時必須盡力配合甲方的喜好與視角。乙方寫作的目的，就是要抓住甲方的心，爭取到許可或同意。商務型寫作在工作中扮演著舉足輕重的角色，因為我能做或不能做什麼事情，最終都取決於「甲方」的判斷。

在職場生活裡，最常接觸到的就是報告書。很多人都要寫報告或簽呈，但這件事對誰來說都不容易，因為上班族幾乎沒有學過，通常都是用公司前輩留下來的格式進行改寫。亦即，沿用原本的框架，然後更換少部分的內容。但是，最初報告的對象、目的、宗旨等都不一樣，單把形式拿來用的話，多少有些格格不入。後來，一份報告最本質的內容消失，漸漸成為只列出預算、期限、概要等的表格。因為很多時候，工作大綱在寫報告之前就已定案，或者在事前已完成口頭討論，撰寫報告或企劃，僅僅是配合形式所需。

在這種情況下，報告寫得好等於錦上添花，如果寫不好，一般人也只覺得這是難以達成的職場技能，甚至認為

報告書的缺陷，可以用言語或臨場應變來彌補。

　　不過，以閱讀者的立場來看卻完全不同，主管會根據報告的內容來判定員工的能力。職場上大部分的工作，都涉及篩選和編輯適合特定情況的資訊、提出意見，並透過傳達與分享來達成目標。而報告書的內容，就是所有能力的彙總。在一份報告裡，主管可以評估出寫作者的情蒐能力、理解力、分析力、說服力、創造力和表達能力，寫作更是一個人是否具有商業競爭力的基準。報告書不單單是文字的集合，而是員工的一篇自傳，如實地呈現出個人的智力、思考力與溝通能力。

1. 和報告書比起來，溝通更重要

　　報告書通常是在需要開展新業務的情況下撰寫，行銷在公司內部就是負責類似的職務。在推行活動前的企劃階段，通常需要寫一份報告，主要用來說明「為什麼要做這件事」、「如何進行」，以及「為了達成目標，需要做出什麼決定」等，也就是所謂的「企劃報告」。

　　行銷工作中，有一半是「企劃」。不過，如果加入「企劃」這樣的詞，負擔就會變得更重，有種需要獨創、提出新點子的壓迫感。讓我們想得輕鬆一點吧！企劃就是「制定計畫」，提議「這件事該怎麼做」，只要蒐集並整理

好資料即可。我們平常寫的報告書,很少會要求新穎的想法。

　　開始某項工作時,最常被問的問題就是「為什麼」。工作其實是一種說服的過程,而若想說服他人,就必須提出正當理由。報告書裡的「為什麼」很重要,因為緊隨其後的是預算規劃,少則數百萬,多則高達數億韓元。因此,我們必須給出適當的答案,告訴對方為什麼要花這筆錢。撰寫報告書時,之所以從開頭就很難下筆,正是因為要先解釋「為什麼」。

　　試想一下在公司裡推行新業務的情況吧。幾乎不會有人天馬行空地突然提出新業務,而是基於某種契機,對新業務的需求逐漸浮現。與主管對話或是和同事閒聊時,也能感受到相同的氛圍。於是,公司會透過面談或會議公開討論,接著指派撰寫報告書的任務。在這種情況下,眾人對新業務推行的必要性與背景,已在一定程度上達成共識。亦即,撰寫報告書時,高層主管已經意識到新業務的重要性。

　　假如審閱報告的人,已經認同推行新業務的背景和必要性,那麼解釋「為什麼」就會變得容易許多,沒有必要到處尋找新的理由。然而,我們在寫報告時,經常會專注於挖掘「原因」,花費大量的時間去查找新數據,只為了

說明「為什麼」。其實，這些行為都等於浪費時間，因為辛苦找來的事實或數據，幾乎派不上用場。進入撰寫報告的階段時，事情早就已經被決定好，而判斷的依據也有跡可循，可以從先前的會議或與主管、客戶的對話中找到答案。我們要做的工作，就是把這些分散的資訊蒐集、整理清楚，然後具體地提出來。

讓我們試著回憶一下：自己認真思考後提出的嶄新想法，一定曾經被主管否決過。因為要求我們寫報告的上司或客戶，腦海裡都有預設的答案，無論是根據、背景或結論，早已大致底定。假如看到與自己想法不同的解釋，他們通常難以接受，會直接告訴你「方向不對」。

為了避免這種情況，首先要學會仔細傾聽。開會時，要把耳朵打開，細心蒐集每個用詞或語氣。假如還是覺得方向很模糊，就應該直接提問。「為什麼要寫」、「有多重要」、「報告會給誰看」、「預計進行到何時」、「完成度應該到哪裡」等，一一提出來確認。如果寫的過程中又有問題，就再次向主管發問，不必顧慮對方會不會覺得繁瑣。就主管的立場來看，一問一答的過程，可以預測出報告的內容走向，不用擔心會不會寫偏。經此過程完成的報告書，等於在上呈之前，就已經獲得了主管認可。

最後，比起寫好報告書，溝通其實更重要。寫作者與

審閱者的意見，必須先達成一致。寫作時，就是把在對話中攫取到的想法，井然有序地整理出來。有這樣的想法，寫報告就會變得簡單許多。沒有必要為了找尋新點子而絞盡腦汁，報告書的作用，是為了讓主管盡快做出決定；而我的工作，就是協助主管節省思考的時間，用整理好的文字，支持他自信地做出判斷。

2. 寫報告書的 7 大原則

審閱報告的人通常都很忙，除了我之外，他們還有很多要聽取或碰面的對象。待決議的事項堆積如山，因此，他們通常會下達這樣的要求：「我很忙，希望可以收到一份不浪費時間、簡單扼要的報告。請從結論開始，簡單地敘述一下核心內容。」

報告書之所以變得冗長，是因為在開頭，寫了太多展開該業務的背景和理由。正如前文所述，大部分的人都已經對業務宗旨達成共識，所以沒必要一字一句地把對方已知的事實列出來，只為了說服對方為什麼要做這件事。

無論是報告書或企劃書，目的都是相同的——幫助審閱者正確、快速地做出決策。身為讀者的主管或客戶，在報告書中只想知道三件事：

1. 你打算做什麼？
2. 我應該決定什麼？
3. 為什麼要做這件事？

　　上面的排序，就是審閱者認為重要的順序。人傾向以自我為中心，當然想知道自己應該做什麼。但從報告者的立場來看，卻覺得要充分說明做這件事的理由，才能有效說服對方。於是，許多人會將現狀有把握的資料羅列，一直寫到問題的原因，開頭的鋪陳愈拉愈長。審閱者因為無法馬上看到自己好奇的部分，內心免不了覺得鬱悶。

　　報告書也適用應用文的寫作原則——從讀者的立場出發。寫作時，應該圍繞著讀者認為重要或好奇的內容，不要一味地陳述現狀，要把重點放在「做什麼」。規劃必須具體，最好能畫出明確的藍圖，而且有實際執行的可能。提出報告後，接著就會進入預算審核。關於經費的問題必須說清楚，不能天馬行空地畫大餅，要求主管撥出預算。我們必須給予精確的數據或事實，告訴對方如果花了這筆錢，預計會獲得什麼成效，然後明確地提示對方應該做出何種決策。例如在幾月幾號之前，請求撥出多少經費，或者要求多安排幾名人手等。

1 盡量寫得簡單

這是所有寫作都通用的原則，必須寫得讓審閱者一眼就能看懂。假如業界或公司內部有通用的術語或固定詞彙，就要遵守使用的規則，不能隨意添加審閱者看不懂的專業用語或簡稱。假如傷到對方的自尊心，那麼不管內容寫得多好，都很難被採納。把報告書寫得簡單，就是一種實力，上班族也不例外。

2 寫得有自信

報告書應該傳達出堅定的信心，把事情交給你，你有自信一定可以做好。唯有如此，主管才能放心地做出決策。「我大概可以～」之類的句型是禁忌，若想寫得保守一點，「預計」或「判斷」都是足以替代的詞彙。

3 寫得有邏輯

至少在自己寫的文章裡，前後必須具有一致性。奇幻小說或電影，通常會設定獨特的世界觀。雖然是虛構的內容，但故事會在其世界觀內，以符合邏輯的方式展開。假如設定好的世界觀崩塌，故事的力量就會瞬間瓦解。報告書也一樣，內文必須在相同的邏輯下推進。報告書和企劃書都是針對未來的計畫，想像一下世界觀的設定吧，前

提、根據、預期和效果等，都應該在相同的基礎上構思。就算主張有些浮誇或激進，只要具有合理的邏輯，就有可能被採納。若想透過報告書取得信任，寫作時不可喪失邏輯性。

4 清楚列舉利弊

審閱者會很好奇「做這些能獲得什麼」，我們必須明確告知對方預期的效果和利益。或者可以反過來提及損失，例如「不這麼做的話，可能會喪失～」，和利益比起來，人們對損害更加敏感。應盡量明確地強調，讓對方覺得「這件事非做不可」。

5 提供選項

必須提出選項讓審閱者有選擇的餘地，不過，寫作者應該先在心底預設好結論。寫作時，要用符合邏輯的敘述，讓對方感受到非此不可，最後再給出其他選項。亦即，「如果是你，會怎麼選擇呢？」在看到這個問題時，必須能馬上給出明確的答案。擁有充分的自信，才能獲得他人的信賴。提供選項只是一種形式，因為決策者才是最終的負責人。

6 提出問題點與解決方案

任何事都會有問題發生，報告書裡，應該包含可預見的問題，並制定相應的對策。亦即，除了說明做這件事預期產生的效果和利益，還要同時提及副作用，然後列出適當的解決方案。只充滿光明面的報告書，看起來不切實際。

7 為對方著想

報告書必須體貼對方，考量到審閱者的喜好。假如對方喜歡以重點為主的簡短報告，就濃縮寫成一頁；如果對方是熱愛鑽研的類型，就要把所有細節都寫進報告書裡。

還要考慮到對方的情況。假如審閱者有老花眼，就盡量把字級放大，印在尺寸較大的紙上。此外，利用粗體字或底線標記重點，可以幫助對方掌握內容；示例可以更換不同的字型，讓審閱者易於區分；複雜的內容或艱澀的概念，可以活用圖表或圖像進行統整。

3. 以「自上而下」的方式整理資料

寫報告書之所以需要很長時間，原因就出在整理資料。一般寫報告時，都會經歷以下過程：蒐集所有與主題相關的資料，然後一一仔細地閱讀，在重點部分畫線，或者單獨進行整理。接著，以整理好的內容為基礎制定

架構，將資料分別放進各段落，確認有無互相抵觸。最後，檢查報告書的結構與開展是否合乎邏輯，再添加個人的意見。這種寫作方式，採取的是「自下而上」（Bottom-up），在挑選及整理資料的階段，需要花費很多時間。此外，有時會因資料之間的矛盾過多，使得結論不夠明確。

讓我們把寫作的方法倒過來，改成「自上而下」（Top-down）吧。首先，大致瀏覽過資料，找出核心內容，再以核心內容為基礎，把自己的意見定出來。其次，用核心內容支持個人論點，制定出全文架構。接著，再從蒐集到的資料中，選出和自己意見一致的部分，分別填進架構裡；如果資料不夠，可以再多蒐集一點。最後，檢查全文的脈絡發展，看看是否有邏輯跳躍或矛盾之處。

在職場上寫的報告書，大多都已定好了答案，因此，沒必要花時間逐一研究或蒐集用不上的資料。假如用「自上而下」的方式整理，不僅能縮短寫報告的時間，論點也會變得更加明確。

寫自傳

自傳或履歷，就是把「我」想像成商品來推銷，必須讓對方覺得需要「我」。若想做到這一點，就要事先知道

對方的人才需求。無論是公司或學校，通常都認為踏實、正直、充滿熱情、懂得換位思考、有耐心、富有挑戰精神的人，是所謂的優秀人才。那麼，我們在寫自傳時，就應該從自己的人生經驗或特質中，格外凸顯出這部分。

不要只寫自己認為重要的事，應該強調審閱者覺得重要的部分。根據應聘的公司不同，需要凸顯的優點也會有所差異。假如應徵研究型的職位，就要指出自己是個細心、分析力強的人；如果想負責行銷業務，最好著重在豁達、有創意、具挑戰精神等特質。

柳時敏作家寫過多本著作，主題也非常多元，包括歷史書、寫作指導書、政治書等。根據書的主題不同，作者的自我介紹也會不一樣。在寫作指導書裡，作者的履歷著重在出版社編輯、報社海外特派員、專欄作家、作家等與寫作有關的背景。這麼做，是為了吸引對寫作感興趣的讀者，希望讀者在看到作者介紹時，會覺得這本書對自己有幫助。

在政治性較強的《國家是什麼》一書裡，作者以民主化運動、與盧武鉉前總統的緣分、國會議員、部門首長、創立國民參與黨等政界履歷為主，對自己進行簡單的介紹。之所以如此，是因為讀者不同了，他們買的是「前政治家柳時敏」的著作。因應情境變化，履歷的節錄也有所

差異。像柳時敏一樣的知名人物，也會隨著情況改變自我推銷的方式。

1. 有效展現自我價值的方法

　　寫自傳的目的，是為了展現履歷上無法完整呈現的自我價值。履歷是由學歷、經歷、擁有的技術（資格或證照）與自傳組成，前半部為客觀事實，就像是自己的人生年表，而後半部的自傳，則必須包含無法以條列方式傳達出來的主觀價值。例如過去的我是如何走過來的、在生活中抱有何種價值觀、今後打算開啟怎樣的人生等。

　　自傳的組成，應該要足以讓審閱者判斷出我是個有價值的人。對方不會對我全部的人生感到好奇，如果是公司招募新職員，那麼對方只想知道我能否把工作做好；如果是學校招生，那麼對方想知道的就是我會不會用功讀書。寫自傳時，要觀察公司或學校的人才需求，從個人的經歷、能力或經驗當中，挑選吻合的部分來書寫。必須用有效的方式加以說服，讓對方自信地做出選擇。

充滿故事性的標題

　　就像新聞稿的標題不能只寫「新聞稿」一樣，自傳也必須另外下標。近來大企業或公營企業的新職員招聘，

競爭率接近1000：1。履歷會先以客觀條件為標準篩選一次，如學歷、學分、經歷、外語成績、資格證等，接著，進入自傳的階段，競爭率仍高達幾百比一。人資主管對一份自傳花費的時間，最多只有30秒，因此，我們必須在30秒內吸引審閱者的注意，讓對方在感興趣的情況下，繼續把整篇文章讀完。而自傳的標題，在此就能發揮作用。假如自傳的內容是為了證明自身價值，那麼就應該將精華濃縮成一行下標。自傳的標題，必須充滿故事性。

〈凸顯工作優勢的標題〉

— 豐富的創意，3個月內讓粉絲數增加800%

— 透過6種兼職經驗，領悟到如何以消費者為中心

— 透過數據分析，比他人更快洞察趨勢的行銷

〈強調目標與抱負的標題〉

— 做為○○○足球隊的中場球員，我擁有快速的判斷力和果敢的推進力

— 不斷追求成長的程式設計師

— 我會從原點開始，一路努力不懈地前進

〈突出個人品德的標題〉

— 不亞於任何人的細心

— 一旦投入，就不輕言放棄

— 擔任學生會長所養成的責任感，是我一輩子的財富

有趣的開頭

過於常見的開頭會讓人興趣大減，建議避免在第一段提及家庭關係或成長過程。在開頭，不妨直接指出公司或學校的人才需求，與自己的經驗或價值觀有何關聯，讓對方在第一段就察覺我的能力、特質或經驗。我們必須賦予人資主管動機，讓他在我的身上發現可能性，願意進一步閱讀自傳。

〈人力資源規劃〉

我的競爭優勢在於「規劃能力」。過去二年，我在海外事業部擔任發展中國家○○○業務的負責人。我們並未偏重某個特定領域，而是規劃並開發一般職務、人才培訓、語言學習等多項內容。因此，我善於從各種不同的角度擬定企劃案，並且能創造、融入新的想法。

〈海外行銷〉

大學時我主修企業管理，並選擇日文做為第二主修。2018年，我前往日本進修語言，在當地學了6個月的日語；2020年，我被選為交換學生，有幸再度於日本學習1年。因此，

我有信心在日語方面不會輸給任何人，英語實力也足夠應付基本的會話。此外，我相信自己充分具備管理學系所需的基礎知識，如財務管理、人事管理、市場行銷等。

〈護理師〉

學生時期參與義工活動時，看見許多身體不適或行動不便的患者，從那時起，我就夢想未來要成為一名護理師。充當患者的左右手固然重要，但我認為護理師最關鍵的作用，莫過於理解患者的心境，為他們分擔痛苦。我希望自己不只能為患者提供身體上的照護，還能與他們擁有心靈上的交流。比起一味地犧牲奉獻，我希望自己能抱持分享的態度為患者服務。

用數據來呈現價值

歸根結柢，自傳就是一種自我炫耀。在自我推銷時，必須拿出具體的數據，才能使審閱者信服。企業習慣用數字來說話，投入多少費用、賺進多少、獲利多少，全都用數字來評價。假如能用數據呈現自我價值，就能更有效地與企業達成溝通。此外，數字本身也有強調的作用，以下的二則範例中，和A比起來，B較能給人留下深刻的印象。

〔A〕

我曾在一間大型書店○○○負責童書區的企劃與經營,每天沉浸在書海裡,一邊閱讀、一邊挑選出好書撰寫書評。此外,我也會構思與童書相關的企劃,並準備每個月的定期活動。在書店工作的一年來,童書區的銷售明顯提升,也有許多忠實讀者會定期來參加我準備的活動。

〔B〕

我在大型書店○○○負責的工作主要分成4項:篩選童書、撰寫書評、構思與童書相關的企劃、準備每月一次的定期活動。在書店工作的1年來,童書區的銷售額上升32%;第一次舉辦活動時,參加的讀者只有20名,最後一個月則增加到56名,因為有許多忠實讀者會定期來參加我準備的活動。

直率又簡單的句子

雖然自傳是在推銷自己,但切記不能使用過於浮誇的語氣。自傳上提及的內容大多無法驗證,審閱者只能憑單方面信任應徵者列出來的資訊。在難以正確區分事實與謊言的情況下,若過分誇大個人經歷,只會使文章的可信度

降低。

用樸素的文字坦率且明確地陳述，較容易取得審閱者的信任，也會給人誠實、正直的印象。企業要求繳交自傳，不是為了評價應徵者的寫作技巧，而是希望進一步了解應徵者本人。因此，我們不能一味地賣弄文采，以致於失去寫作的初衷。

2. 寫自傳時應避免的失誤

每逢公開招募的期間，企業就會收到很多履歷，人資主管要審閱大量的自傳。這樣的過程，與其說是為了選拔優秀人才，不如說是為了淘汰掉不適合的人選。首先，只有通過履歷篩選標準的人，才有機會進入下一階段的自傳競爭。從這個階段開始，由於每位應徵者的差異不大，所以一點微小的失誤，也會影響到錄取與否。寫自傳時，應盡量避免下列的失誤：

自傳一稿多投

這是應徵者最常犯的錯誤，尤其是在大量投遞履歷的求職季。應徵者通常會先寫好一份自傳，然後分別投到不同公司。不過，有時在寄出前沒有仔細檢查，就會發生寫錯公司名稱的情況。且出乎意料的是，這種失誤屢見不

鮮。從審閱者的立場來看，不得不懷疑應徵者的誠意，所以無論學經歷再怎麼優秀，都免不了淘汰的命運。寫自傳時，務必根據應聘的公司做最低限度的修改，這是對審閱者和企業的基本禮儀。

錯別字

寫錯一兩個字，可以理解為筆誤，但如果錯字連篇，就會讓人懷疑起應徵者的資質。假如審閱者對錯別字非常敏感，還可能影響最終的錄取結果。與內容優劣無關，錯別字太多的話，會被貼上「不值得信賴」的標籤，自傳也會因此被淘汰。如今文書軟體裡都有基本的拼字檢查，若依然出現許多錯別字，看起來就缺乏誠意，也會讓審閱者覺得應徵者求職的欲望不足。

複製貼上或請人代筆

有些人對寫作缺乏自信，所以會抄襲別人的自傳，或是乾脆請業者代筆。人資主管審閱過數千篇自傳，一眼就可以分辨出是不是花錢買的；就算僥倖通過審核，在面試中也很容易被揭穿，因為面試官通常會針對自傳的內容提問。抄襲或請業者代筆是道德方面的問題，就算寫得差一點，最好也還是用自己坦率樸實的文字與他人一決勝負。

6

Email 寫作

이메일 쓰기

基本的 Email 寫法

不只是行銷人員，如今上班族最常撰寫和閱讀的文字，可能就是電子郵件。電子郵件是數位時代最基本的溝通方式，不過，至今仍然有許多人不知道該如何下筆。

經歷新冠疫情後，非面對面的溝通大幅增加，通常我們對一個人的印象，就取決於電子郵件之類的文書。在商業關係中，電子郵件寫錯，就不僅僅是文筆不好而已，還會被認定為資淺或無禮。一旦被貼上標籤，那麼不管能力好或不好，都很難重新取得信任。與面對面的情況不同，電子郵件是很容易引起誤會的溝通方式，假如這是工作者最基本的交流管道，那我們就必須熟悉其中的寫作原則。

1. 寄件人名稱

在收件者的信箱裡，我的名稱是如何顯示的呢？現在就確認一下吧。出乎意料地，很多人對寄件人名稱不怎麼在意。建議寄信之前，確認看看自己的顯示名稱是本名還是尷尬的暱稱、是英文或是中文，以及職稱的設定是否恰當。

2. 主旨

　　與其他應用文一樣，電子郵件的主旨也很重要，必須讓對方只看主旨，就知道內容與什麼事有關。在主旨的欄位，應概括內容的重點，濃縮出一句標題，還可以在標題的前方加上引號，寫出自己的所屬單位或發信目的。假如在寄件人名稱上已註明了頭銜，此處就不必再重複。另外，若信件裡有對方須掌握的內容或緊急事件，建議特別標出「重要」或「緊急」，確保對方能注意到信件。

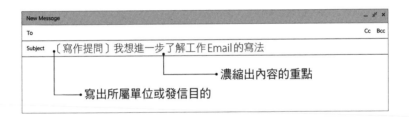

3. 自我介紹與問候

　　在電子郵件的開頭，應該向對方表達問候。如果是第一次透過電子郵件聯繫，建議做簡單的自我介紹；就算是互相認識的關係，也會在開頭表明自己所屬的單位、名字和職稱，例如「我是行銷部的○○○代理」，再加上簡單的問候。別把閒話寫得太長，只要能自然地銜接到正文即可。

作家您好，

我是參與行銷寫作課的學生○○○。

天氣逐漸轉涼，您最近過得好嗎？

~~上禮拜突然降溫，我得一場重感冒，發高燒至39~~

~~度，每天都到醫院報到……~~

4. 發信的理由

結束簡單的問候，在正式進入主題前，可以用一行文字概述發信的理由。假如先告訴對方自己為什麼寫信，讓收件者的心裡會有個底，大概能猜出正文將談及的內容。

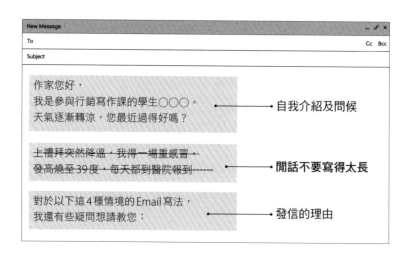

5. 正題

　　撰寫電子郵件的目的，也是為了明確傳達自己想說的話，並得到預期的回應。在處理正題時須格外專注，盡量把自己的需求寫清楚，讓對方能夠輕鬆理解。最一目了然的寫法就是列點，把自己要講的內容用1、2、3……編號排序。

　　對於以下這4種情境的Email寫法，我還有些疑問
　　想請教您：
　　1. 請求業務協助時
　　2. 寫信給上司時
　　3. 提報的時候
　　4. 寫信給初次聯繫的客戶時

　　電子郵件也是溝通的方法之一，因此，寄件人有責任把需求的事項寫明確，以求得到想要的答案。如果必須在一定的時間內收到回信，就在最後請對方於幾月幾日前回覆。

　　若能提供適用於報告的電子郵件範本，將會對我有
　　很大的幫助。

月底時預計有一場重要的提案，希望能在下禮拜
（12月3日）收到您的回信。

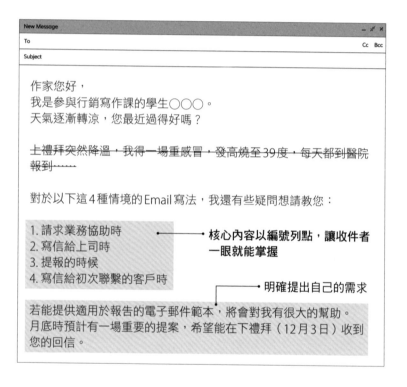

6. 附加檔案

如果有附加檔案，就在信件中告知對方，如果完全沒
提到，收件者很有可能忽略。假如覺得對方不會下載附件
來看，不妨於信中概述附件的內容，讓收件者即使不看也
能掌握重點。

隨信附上我寫的電子郵件範例，方便您掌握我寫作上的問題點，再煩請您參考指正。

7. 結尾

以一般的問候做為結尾。和開頭的問候語一樣，不要寫得太長，只要讓人留下有禮貌的印象即可。

近來日夜溫差較大，請多保重身體。
謝謝！

8. 寄出前的注意事項

―確認有無錯別字，錯別字會降低文章的可信度。
―確認收件者與副本收件者是否正確。

收件者是需要閱讀郵件並給予回覆的當事人，副本收件者則是沒有回信義務，但應該知曉此事的人。假如業務上需要保密，或是某人應該對這件事有所了解，卻又不想讓其他收件者察覺時，就可以活用「密件副本」這項功能。

―使用郵件合併功能傳送個人化電子郵件。

如新聞稿或公告事項等，在向大量收件者寄送相同的電子郵件時，這項功能就非常實用。從收件者的角度來看，如果我的名字只是數十人中的其中一個，郵件的重要度就會瞬間下降。假如用郵件合併功能傳送個人化電子郵件，對方就會以為收到信的人只有自己。

☑ 錯別字
☑ 附加檔案
☑ 收件者
☑ 副本與密件副本

收件人	☑ 姓名 ?	
參考	▼	
主旨	◯ 重要！	
敏感檔案	▼	我的電腦

• 向大量收件者發送郵件時（如新聞稿），可使用郵件合併功能傳送個人化電子郵件。

提升工作效率的Email寫作訣竅

1.1・1・1原則

一封郵件針對一個主題，然後只發給一個收件者的話，收到回覆的可能性就會增加。有研究指出，當郵件只發給一名收件者時，收到回信的機率將近95%，但如果同時發給10位收件者，收到回信的機率就下降至5%。因為

在群組郵件裡，收件者很可能不覺得自己有回信的義務。假如信件必須獲得回應，寄送時最好遵循1‧1‧1原則。

2. 回信的方法

　　電子郵件的回覆要愈快愈好，如果是公司內部的郵件，最好在1小時內回信；假如是外部的郵件，建議在24小時內回覆。倘若無法在上述時間內做出回應，那麼最好在24小時內，先告訴對方自己已收到郵件，並說明延遲的理由，以及預定給予答覆的日期。接著，就只要在約定的日期正式給予回應即可。

　　回信時，與其另外寫一封新郵件，不如直接使用「回覆」功能，這麼做可以確保溝通的連續性。假如信件往返多次，相關的內容集結在一起，檢視時也較為方便。另外，回信時最好不要變更主旨。

　　如果對方也以列點的方式寄送郵件，那麼回信時就針對列點逐一回覆。如此不僅可以讓對方便於掌握內容，也能防止自己回信時有所遺漏。

附錄

鍛鍊寫作基本功

以閱讀提升寫作

1 寫作時，閱讀理解能力至關重要

幾年前，有一篇報導在網路上掀起話題，新聞的標題是「肇事逃逸，河正宇追擊200公尺後徒手制伏」。這篇報導之所以引發討論，是因為底下有許多批評河正宇的留言。「對河正宇很失望，原以為他是個好人，沒想到居然肇事逃逸」、「天啊～這是真的嗎？河正宇的演員生涯完蛋了！怎麼會有逃跑的想法呢？」留言主要是這種內容，有很多人對標題的含義解讀錯誤，以為是演員河正宇肇事逃逸。或許是斷斷續續只看到「河正宇」、「肇事逃逸」、「追擊」等幾個詞彙，就在腦海中組合想像，做出了以上的判定。

　　隨著3C產品的使用增加，有愈來愈多人在閱讀上產生障礙。據韓國教育廳指出，2021年可能患有閱讀障礙的國小二～六年級學生為249名，較2020年增加了5%[15]。我認為，文章寫不好的人變多，和閱讀障礙人口上升或許有所關聯。就算閱讀力強，也有可能寫不好；但是，如果想要把文章寫好，就一定要多閱讀。有閱讀才會有想法，有想法才能寫得出文章。亦即，下筆需要思考，而思考來自於閱讀。閱讀、思考與寫作，就像是齒輪一樣緊密齧合，互相影響。

　　閱讀理解能力指的是識別文本字面上的含義，然後進一步把握文章的寫作邏輯，最後在特定的脈絡中理解文意。寫作時，首先須具備閱讀理解能力，因為寫作的過程就等於閱讀。假如欠缺閱讀能力，就沒有辦法下筆寫作。文章是為讀而寫，寫作時，大部分的時間也都花在閱讀上。回想一下，我們在寫作時，大多是看著前面的句子，然後接著往下寫；在寫下一句之前，一定會回頭讀看看前面的文字。有時即使是自己寫的東西，也會抓不到其中的含義，如此一來，文章必定難以接續。如果寫到一半就已經看不懂，硬寫下去前後文也銜接不上，不僅邏輯的開展不順，更毫無脈絡可言。這樣的文章，讀者不可能會願意讀。歸根究柢，「閱讀理解能力」才是寫作的關鍵。

2 閱讀優秀的作品

　　想把文章寫好，就要懂得判別文章的優劣，如此才能看得出自己寫得對不對。然而，區分出哪些文章寫得不好，其實並不容易。在我們的周圍，充滿了各種毫無品質可言的文字，不僅是網路，連報紙、電視或書籍等，都有許多低劣的內容。辨別文章好壞的能力，不是一朝一夕就能養成，首先必須多接觸優秀的作品。

　　看習慣優秀的作品，再接觸到寫得不好的文章時，就會本能地感到哪裡不順。訓練文感最好的方法就是閱讀，而且一定要讀優秀的作品，不是只要有文字即可。應盡量讓自己享受閱讀，唯有習慣接觸長文，才能培養出耐力，系統性地學習新知，深化思考。多讀優秀的作品，就會漸漸熟悉文章的結構與脈絡，然後懂得指出文章哪裡寫得不好。如此一來，才能對自己寫的東西做出判斷，辨別哪些句子寫得好，哪些需要進一步修改。

　　讀書還有一項好處，就是詞彙能力將有所提升。人的表達能力，取決於詞彙的數量和水準。懂得愈多詞彙，就愈能造出正確的語句，挑出符合情境的單字。假如水準更高，還可以擁有豐富的語言表現，擺脫單調枯燥的敘述，對現象、對象或問題進行立體的描繪。隨著詞彙量增加，思考的範圍也會跟著擴大。

　　若想提升詞彙量，就必須多閱讀，且挑選書籍時亦要謹慎。如果寫的是文學作品，就要多讀詩或小說，熟悉各種詞彙的運用。應用文也不例外，如果想把文章寫得有條有理，就要多接觸人文類書，熟悉抽象的概念，培養出在抽象與具體之間自由切換的文感。假如寫的是科普文，就應該多閱讀科學類或專業度高的書籍，培養駕馭詞彙的能力。為了提升寫作而閱讀時，建議選擇對自己有益的內容，接觸的書籍不同，掌握的詞彙種類與素質也會有所差異。

　　多閱讀，不僅能擴大詞彙量，還會對文章的結構產生想法。擅長寫作的人，知道要如何安排章節，才能有效傳達出自己想說的話，也就是具有所謂的「文感」。掌握文章是否寫得正確是基本，擅長寫作的人，還懂得辨別文句是否連接順暢、段落與段落之間有沒有趣味，或者文章是否具有足夠的說服力。而這種文感，也必須透過大量的閱讀才能養成。

3　應付寫作的抱佛腳式閱讀法

　　想把文章寫好，就一定要多閱讀，亦即先有輸入（Input），才會有輸出（Output）。但是，如果從現在開始努力讀書，20年後才能寫出好文章，任誰都會感到動力全

失。接下來，我將介紹幾個臨時抱佛腳的方法，即使平時閱讀量不足，也能夠寫出及格的文章。

閱讀10本與自己要寫的內容相似的書籍吧。假設必須提交一篇和ESG經營有關的報告，那麼就在網路書店上，按銷量挑選、購買10本有關ESG經營的書。閱讀時，不是隨意地翻看就好，而是要坐在書桌前一邊閱讀、一邊畫出重點。

看完3本時，就會漸漸找到文感，發現類似的內容反覆出現，或是有些固定使用的詞彙。讀完8本左右，就能隱約察覺到文章的結構，主張相似的文章，脈絡展開的方法也大同小異。如果多讀幾本內容類似的書，就會對文章的形式愈來愈熟悉，因為是有目的地閱讀，所以學習速度也會很快。

若想更迅速地提高實力，不妨試著以畫線的內容，概括出全書重點。概括意味著畫出全書的框架，亦即萃取出核心，進行邏輯式地整理和歸納。如果能夠濃縮精華，就會懂得如何延伸與開展。運用這樣的方式讀完10本書，然後再開始寫自己想寫的文章吧，一定能交出不錯的作品。每寫一篇作文，就訓練自己閱讀10本書，如此一來，不知不覺就會變成讀了幾百本書的「愛書人」。

鍛鍊肌肉的寫作練習

1 多寫才會進步

　　不管讀多少有關寫作的書，最終還是得提筆寫寫看，而且要多練習才會進步。就算知識豐富、口才流利，寫作仍然是完全不同的領域，必須勤加練習才會寫得好。寫作經常被比喻為騎自行車，亦即就算對自行車的驅動原理瞭若指掌，聽過許多次分享訣竅的講座，也一定要親自騎過才能上手。此外，自行車不是只騎一次就會熟練，而是要在跌倒、受傷的過程中反覆練習，最後才能駕輕就熟。寫作也是同樣的道理，假如學會了基本原則，就要嘗試動筆寫寫看，從失誤中汲取經驗，不斷地從頭練習。如此一來，寫作能力就會日漸進步。

　　寫作也是一種技術，掌握技術必須經過反覆的練習，直到肌肉記住那種感覺為止。寫作也不例外，練習時需要投入一定的時間，讓身體自然地找到文感。因此，至少要給自己一段集中訓練期。

　　我在小型經濟組織擔任公關的那三年，就是這麼訓練自己的。那時，公司每二個月就會出版一次32頁的會訊，內容都是由我獨自負責。我寫過各式各樣的內容，從執行長訪談、公司新聞稿精選摘要、商管類書新刊介紹、休假

期間值得一訪的景點等。此外，平常我還會以產業部的記者為對象撰寫新聞稿，以及提交給知識經濟部（現為產業通商資源部）的報告等。而寫給會員的正式信函、晨會講座社長宣讀的問候語，以及新年致詞等，也都是出自我的筆下。當時的我沒有想太多，就是盡量去寫，即使不知道自己到底寫得好不好。如今回想起來，那段期間養成的寫作肌肉，就是我寫作時的基本功。

2 用「抄寫」讓身體留下印象

　　不論東方還是西方，所有領域的優秀作家，一致認為抄寫是最好的寫作實踐，這是一種能自動學會把文章寫好的訣竅。練習寫作時，如果把拼字、文法、字彙、結構等單獨拆開來學，最後很難融會貫通。而抄寫，就是能一次解決所有問題的練習方式。

　　抄寫實力作家寫的優秀作品，寫作風格就會和對方愈來愈像。不是透過死背硬記，而是身體熟悉了這樣的感覺，從詞彙的選擇、表達方式、文法、結構、邏輯的開展和脈絡等，都會被儲存在肌肉裡。假如習慣了這些，寫作時手和思緒就會直覺地做出反應。

　　無論是多有名的作家，假如在抄寫時覺得痛苦，就是對方的文風與我不合。某些文章可能會讓人愈抄愈煩躁，

不僅手不聽使喚，速度也無法提升。這種情況，代表身體極力抗拒，不妨直接放棄。抄寫時，最好選擇自己喜歡的作家，很多時候我們熱愛某些作品，是因為對方的寫法與自己契合，例如敘述、語氣、文章展開的方式等，都很適合效法學習。如果抄寫這樣的作品，寫作訓練就會變得更加愉快。

3 練習有目標的寫作

在正式練習寫作時，一定要預設讀者，可以在部落格或 Brunch Story 等社群平台上開設帳戶，分享自己寫的文字。雖然一開始不會有人點閱，但我們要練習公開寫作，習慣自己的文字有閱讀對象。想著可能有人會看到這篇文章，下筆時就會預設讀者，從對方的角度出發。我們寫的應用文通常都有閱讀對象，因此，最好從練習階段就開始熟悉這種模式。

如果不知道該寫什麼，建議從評論開始著手。寫評論的話不會有素材耗盡的問題，光是書籍或電影，就會有很多內容可寫。因為是以個人經驗為基礎，內容通常很具體，不必被抽象的概念困擾。此外，評論的形式非常單純，只要概略地敘述書籍或電影的內容，最後再添加幾句自己的感想，就能成為一篇評論。把看過的內容濃縮成短

文，這種方式本身就是很好的練習。

　　剛開始可以這樣起步，當寫到一定程度、漸漸習慣之後，再試著練習更有趣的結構。例如把這次的電影和先前看過的同類型作品進行比較，或者找出這本書和那部電影傳達出的共同訊息，放在一起做介紹。總之，最重要的就是實際練習，不管是部落格或其他平台都好，開始對著讀者寫作吧！

【注釋】

1. 李多源（이다원，音譯），〈【特別報導】新的入口網站YouTube，科技巨擘動搖了檢索主權〉，EToday，2022.3.7

2. 卞熙媛（변희원，音譯），〈【NOW】影音時代，寫作講座增加了五倍〉，朝鮮日報，2022.1.24

3. UX（User Experience）是指用戶在數位服務中感受到的整體經驗；UX Writing指的是編寫用戶介面文案等，藉此創造出流暢的體驗。

4. 〈金融科技獨角獸『Toss』，以UX Writing做為成長的動力〉，Interbiz部落格，2021.8.22

5. 〈對Vogue殘體文的感想〉，部落格「金弘基的時尚帝國」，2013.3.1

6. 柳時敏（유시민），《역사의 역사》（暫譯：歷史的歷史），石枕出版，2018，p.229

7. 史蒂芬‧金（Stephen King），《史蒂芬‧金談寫作》（*On Writing: A Memoir of the Craft*），商周出版，2023

8. 金薰（김훈），《南漢山城》（남한산성），學古齋出版社，2007，p.310

9. 威廉‧金瑟（William Zinsser），《非虛構寫作指南》（*On Writing Well*），臉譜，2023

10. 金泰英（김태영，音譯），〈二〇二一年上半年京畿道信用卡消費趨勢分析及啟示〉，京畿道研究院政策簡報，2021.8

11. 〈實現全國現有公共設施抗震率72%的目標〉，行政安全部地震防災政策司，略，2022.4.28

12. 2Kines Co., Ltd.，〈通過生物力學測試，腿部腫脹的終極管理〉，Wadiz，略

13. 伊馮‧喬伊納德（Yvon Chouinard），《Let My People Go Surfing》（暫譯：巴塔哥尼亞，在波濤洶湧時衝浪），writinghouse，2020

14. 《二〇二一年十二月及年度線上購物趨勢》，韓國統計廳，2022.2.3

15. 羅圭恆（나규항，音譯），〈【記者觀察】數位閱讀障礙〉，中部日報，2022.1.16

實用知識 93

行銷人的文案寫作：業務行銷、社群小編、網路寫手及上班族必備的職場基本功
마케터의 글쓰기 : 초보 마케터를 위한 지금 바로 써먹는 글쓰기 필살기

作　　者：李善美（이선미）
譯　　者：張召儀
責任編輯：王彥萍
校　　對：王彥萍、唐維信
封面設計：萬勝安
版型設計：Yuju
排　　版：王惠葶
寶鼎行銷顧問：劉邦寧

發 行 人：洪祺祥
副總經理：洪偉傑
副總編輯：王彥萍
法律顧問：建大法律事務所
財務顧問：高威會計師事務所
出　　版：日月文化出版股份有限公司
製　　作：寶鼎出版
地　　址：台北市信義路三段151號8樓
電　　話：(02)2708-5509 / 傳　　真：(02)2708-6157
客服信箱：service@heliopolis.com.tw
網　　址：www.heliopolis.com.tw
郵撥帳號：19716071 日月文化出版股份有限公司

總 經 銷：聯合發行股份有限公司
電　　話：(02)2917-8022 / 傳　　真：(02)2915-7212
製版印刷：軒承彩色印刷製版股份有限公司
初　　版：2024年08月
定　　價：380元
I S B N：978-626-7405-96-3

國家圖書館出版品預行編目資料

行銷人的文案寫作：業務行銷、社群小編、網路寫手及上班族
必備的職場基本功 / 李善美（이선미）著；張召儀譯 - 初版. --
臺北市：日月文化出版股份有限公司, 2024.08

256面；14.7×21公分. -- (實用知識；93)

譯自：마케터의 글쓰기 : 초보 마케터를 위한 지금 바로 써먹
　　는 글쓰기 필살기
ISBN 978-626-7405-96-3（平裝）

1.CST：廣告文案　2.CST：廣告寫作　3.CST：行銷傳播

497.5　　　　　　　　　　　　　　　113008661

感謝您購買

行銷人的文案寫作
業務行銷、社群小編、網路寫手及上班族必備的職場基本功

為提供完整服務與快速資訊，請詳細填寫以下資料，傳真至02-2708-6157或免貼郵票寄回，我們將不定期提供您最新資訊及最新優惠。

1. 姓名：＿＿＿＿＿＿＿＿＿＿＿＿＿＿ 性別：□男　　□女

2. 生日：＿＿＿＿年＿＿＿月＿＿＿日 職業：＿＿＿＿＿＿

3. 電話：（請務必填寫一種聯絡方式）

　（日）＿＿＿＿＿＿＿（夜）＿＿＿＿＿＿＿（手機）＿＿＿＿＿＿

4. 地址：□□□＿＿＿＿＿＿＿＿＿＿＿＿＿＿＿＿＿

5. 電子信箱：＿＿＿＿＿＿＿＿＿＿＿＿＿＿＿＿＿＿

6. 您從何處購買此書？□＿＿＿＿＿＿縣/市＿＿＿＿＿＿書店/量販超商

　□＿＿＿＿＿＿網路書店　□書展　□郵購　□其他

7. 您何時購買此書？　年　　月　　日

8. 您購買此書的原因：（可複選）

　□對書的主題有興趣　□作者　□出版社　□工作所需　□生活所需

　□資訊豐富　□價格合理（若不合理，您覺得合理價格應為 ＿＿＿＿＿＿）

　□封面/版面編排　□其他 ＿＿＿＿＿＿＿＿＿＿＿＿

9. 您從何處得知這本書的消息：　□書店　□網路/電子報　□量販超商　□報紙

　□雜誌　□廣播　□電視　□他人推薦　□其他

10. 您對本書的評價：（1.非常滿意 2.滿意 3.普通 4.不滿意 5.非常不滿意）

　書名＿＿＿＿　內容＿＿＿＿　封面設計＿＿＿＿　版面編排＿＿＿＿　文/譯筆＿＿＿＿

11. 您通常以何種方式購書？□書店　□網路　□傳真訂購　□郵政劃撥　□其他

12. 您最喜歡在何處買書？

　□＿＿＿＿＿＿縣/市＿＿＿＿＿＿書店/量販超商　□網路書店

13. 您希望我們未來出版何種主題的書？＿＿＿＿＿＿＿＿＿＿＿＿

14. 您認為本書還須改進的地方？提供我們的建議？

＿＿＿＿＿＿＿＿＿＿＿＿＿＿＿＿＿＿＿＿＿＿＿＿＿＿＿＿＿＿

＿＿＿＿＿＿＿＿＿＿＿＿＿＿＿＿＿＿＿＿＿＿＿＿＿＿＿＿＿＿

＿＿＿＿＿＿＿＿＿＿＿＿＿＿＿＿＿＿＿＿＿＿＿＿＿＿＿＿＿＿

＿＿＿＿＿＿＿＿＿＿＿＿＿＿＿＿＿＿＿＿＿＿＿＿＿＿＿＿＿＿

實　用

知　識

寶鼎出版